KB144377

**그림으로 읽는** **잠 못들 정도로 재미있는 이야기**

# 화학

**오미야 노부미쓰** 지음 | **현성호** 감역 | **황명희** 옮김

BM (주)도서출판 **성안당**

## 물질에서 화학물질로

누구나 일상생활 속에서 문득 '이건 어째서일까, 왜일까'라고 의문을 갖는다. 예를 들어 '바다의 물은 왜 짤까?', '텔레비전은 어떻게 영상이 나오는 걸까?' 그렇다. 이 책은 그런 소박한 의문들을 모아 화학의 눈으로 대답한 것이다.

소박하다고는 하지만 어딘가 근원적인 철학적이라고 할 수 있는 의문이 마음에 떠오른 일 따위는 없다고 강하게 부정하는 사람도 있을 것이다. 하지만 마음 한구석에 떠오른 의문을 바로 눌러 버렸을지도 모른다.

그런 사람이야말로 매일 일생생활과 살아가는 흐름에서 아주 조금 떨어져서 이 책을 읽는 마음의 여유를 갖기 바란다. 생활에 쫓기지 않아도 되는 방법이 어쩌면 – 어쩌면이지만 – 발견할지도 모른다.

또한 생활의 즐거움은 더 커질지도 모른다. 다이빙을 할 때 바닷물이 짠 이유를 알고 있으면 좀 더 즐거워진다(과연 그럴까?). 텔레비전을 볼 때 영상이 비추는 이유를 알고 있으면 더 즐거워진다(과연 그럴까?).

여러분은 물질과 화학물질의 차이를 알고 있을까? '물질을 눈에 보이는 그대로 매크로로 받아들이지 않고 미크로로 받아들여, 물질의 조성을 조사하고 각 성분의 역할을 생각하려고 하면 갑자기 화학물질이라 부르게 된다'(『화학물질의 소사전』(이와나미쇼텐岩波書店)의 머리말에서).

예를 들어 물이라는 물질은 물 분자가 분해한 수소와 산소를 생각한 순간 화학물질이 된다. 화학은 화학물질과 그 변화의 화학이라고 말하는 것이 보다 올바른 표현이라고 할 수 있다. 뭐 그거야 어찌됐건, 화학은 보이는 그대로가 아니라 눈에 보이지 않는 미크로로 받아들이려고 하는 것이니까 눈에 보이는 것에 대한 소박한 의문에 해답의 실마리가 되는 것에 화학이 절호의 무기가 되는 것은 보증되어 있는 거나 마찬가지이다.

그러나 이 무기는 놀랄 만한 문제를 제기한다. 사람의 눈에 보이는 알기 쉬운 세계에서 굳이 눈에 보이지 않는 이해하기 어려운 세계로 잠입하려다 보니 어려울 수밖에 없다.

이 문제를 극복하고 사람을 즐겁게 하는 무기로 삼는 것은 연주자의 솜씨 여하에 달려 있다. 이 책은 기본 콘셉트인 '생활 속 수수께끼를 화학으로 풀어본다!'를 위해 재미있게 읽을 수 있게끔 여러 가지로 고민하면서 집필했다.

유라시아 동단의 열도의 거처에서
**오미야 노부미쓰**

4

차례

화학

잘못을 정도로 재미있는 이야기

# 제 **1** 장

# 몸에서는 어떤 일이
# 일어나는가?

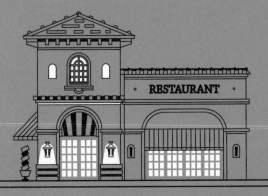

# 01 전날 과음하지 않았는데 다음날 왜 숙취가 있는 걸까?

알코올은 수소 원자와 산소 원자가 결합한 히드록실기라는 것을 가진 화합물을 총칭하는 말이다. 우리들이 술의 형태로 섭취한 알코올은 체내에서 효소에 의해서 분해되는데, 그때 수소가 없어지고 독성이 강한 아세트알데히드가 남는다.

이것이 바로 숙취의 원인이다. 토하고 싶은 기분이나 두통과 같이 알코올보다 수배 강한 생체반응을 일으키는 유해물질로 알려져 있다. 그러나 보통은 아세트알데히드는 간장에서 알데히드 탈수소 효소에 의해서 산화되어 아세트산(초산)이 된다. 초산은 해가 없는 이산화탄소와 물로 분해되므로 염려할 필요는 없다.

그런데 알코올의 섭취량이 너무 많으면 알데히드 탈수소 효소가 부족해져 아세트알데히드가 분해되지 않고 체내에 남아 숙취가 일어난다.

이처럼 술을 과음해서 취하거나 숙취가 되는 것은 만국 공통이지만 그 정도에는 차이가 있다. 인종에 따라서 강력한 2형 알데히드 탈수소 효소의 기능이 약한 사람이 있다.

1983년 쓰쿠바대학 하라다쇼지原田勝二 조교수(당시)의 조사에 따르면 다음과 같은 사실이 밝혀졌다. 유럽인은 2형 알데히드 탈수소 효소의 기능이 강한 반면 아시아인은 약하다. 즉 알코올을 분해하는 효소가 적어 술에 약하다는 얘기이다.

이처럼 인종에 따라서 다른 것은 유럽인은 술에 강하지 않고서는 살아남을 수 없었기 때문이 아닐까?

> 위통과 구토의 원인은 알코올이 위벽을 자극하여 위산의 분비가 늘어나
> 가벼운 위염 상태가 되기 때문이다.

그러나 숙취의 원인은 이외에도 있다. 알코올 자체에 의한 체내 균형의 붕괴, 술의 풍미와 개성을 정하는 첨가물도* 원인이 된다.

### ● 알코올의 산화

에탄올
$C_2H_5OH$

⬇ 산화

아세트알데히드
$CH_3CHO$

⬇ 산화

아세트산(초산)
$CH_3COOH$

$CO_2$   $H_2O$

**유럽인 > 동양인**
동양인은 유럽인에 비해
원래 술에 약하다.

---

\* 첨가물이 적은 술이, 첨가물이 많은 술에 비해 같은 알코올이라도 숙취 증상이 가볍다고 한다.

## 02 100℃에 닿으면 큰 화상! 왜 사우나에서는 화상을 입지 않는 걸까?

참을 수 없는 뜨거운 사우나 속 온도는 보통 90~110℃ 정도이다. 만약 같은 온도의 뜨거운 물을 뒤집어쓰면 분명히 화상을 입겠지만, 사우나에서 화상을 입지 않는 것은 이상하다.

사우나에서 화상을 입지 않는 이유는 크게 세 가지가 있다. 첫 번째 이유는 땀*에 있다. 뜨거운 사우나에 들어가면 1분간 약 20~40g의 땀을 흘린다. 땀으로 몸의 수분이 빠져 30분에 1kg이나 되는 체중이 줄 정도의 양이다.

이렇게 대량으로 흘린 땀은 피부에 얇은 물 막을 만든다. 물은 열을 흡수하는 능력인 열용량이 커서 데워지지 않는 성질이 있다. 때문에 피부가 사우나의 고온으로부터 보호되는 것이다.

두 번째 이유는 사우나의 습도에 있다. 사우나는 의외로 건조해서 습도가 낮다. 때문에 100℃ 전후라는 온도에 비해 뜨거움을 느끼기 어렵다. 또한 앞에 설명한 것처럼 사우나에서는 대량의 땀을 흘리는데 고온에 의해서 땀은 바로 증발한다.

물건이 증발할 때는 증발열(기화열)이 빼앗기지만 물의 증발열은 매우 크고, 물 10g이 증발할 때 증발열 6kcal의 열을 몸에서 뺏긴다고 한다. 때문에 사우나에서는 그다지 열을 느끼지 않는다.

세 번째 이유는 공기층에 있다. 피부 위를 두께 수m로 감싸고 있는 공기

---

\* 땀에는 크게 두 가지 기능이 있다. 에크린선에서 나오는 땀은 체온을 조절하고 아포크린선에서 나오는 땀은 체내의 노폐물을 배출한다.

> 사우나에서 체중이 줄어도 그것은 땀으로 수분이 나갔을 뿐
> 물을 마시면 다시 돌아온다.

층은 거의 움직이지 않는다. 이 피부상의 공기층 온도는 체온에 가깝기 때문에 피부로부터 멀어지기 어렵다. 또한 원래 공기는 열을 전달하기 어려우므로 그 층이 피부를 뜨거운 공기로부터 보호해 준다.

덧붙이면 사우나 안을 걸으면 피부가 찌릿찌릿해지는 느낌을 받는 일이 있는데 이것은 잘 움직이지 않는 피부 위의 공기층이 흐트러지기 때문이다. 또한 심하게 운동하면 공기층이 보다 흐트러져서 피부를 보호할 수 없게 되므로 엄격하게 금지한다.

## ● 사우나에서 화상을 입지 않는 이유

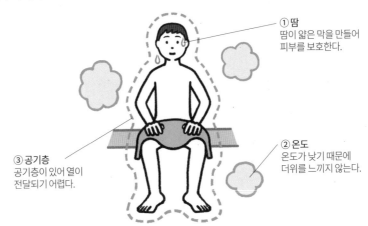

① 땀
땀이 얇은 막을 만들어 피부를 보호한다.

② 온도
온도가 낮기 때문에 더위를 느끼지 않는다.

③ 공기층
공기층이 있어 열이 전달되기 어렵다.

## 03 딱히 야한 생각을 하지 않았다! 그런데 왜 발기하는 걸까?

페니스의 발기에는 반사성 발기와 중추성 발기 두 가지가 있다. 우선 반사성 발기는 물리적인 자극에 의해서 일어나는 것으로, 손으로 페니스를 만지거나 탈것 등의 진동을 받는 등의 물리적 자극 정보가 중추신경을 거치지 않고 직접 발기 중추라 불리는 곳으로 전해져 반사적으로 발기가 일어난다.

한편 중추성 발기는 여성의 나체를 보거나 에로틱한 것을 생각하거나 하는 심리적인 자극에 의해서 일어나는 것이다. 이러한 심리적 자극의 정보는 중추신경계의 대뇌피질을 경유해서 성욕 중추*에 전해지고 그곳의 지령이 자율신경하의 발기 중추에 날아간다.

발기 중추가 자극의 정보를 받으면 성기를 관장하는 엉치신경(천수신경)의 긴 돌기 끝(시냅스)에서 'NO 래디컬'이라는 신경전달물질의 일종을 분비한다. 음경 해면체 내부에는 혈관 평활근이라는 근육과 음경 해면체를 구분하는 해면체 소주가 있는데, NO 래디컬은 이들을 구성하는 세포의 내부로 들어간다. 그리고 사이클릭 GMP(구아노신일인산)라는 세포 내 정보전달물질의 일종을 다량으로 만드는 화학반응을 일으킨다.

이 화학반응이 혈관 평활근 세포와 해면체 소주 세포를 이완시키면 스폰지상이 된 해면체의 공동 부분·해면체동으로 대량의 혈액이 흘러들어간다.

---

* 성욕 중추는 뇌의 시상하부에 있으며, 남성의 시상하부는 여성의 2배 크기이다.

> 비아그라에는 효소 PDE5의 기능을 약하게 하는 성분이
> 포함되어 있기 때문에 발기가 일어난다.

이 해면체동이 혈액으로 가득 차 페니스가 딱딱해지는 것이 발기이다.

보통은 발기해서 딱딱해진 해면체가 페니스 안의 정맥을 압박하기 때문에 혈액은 흘러나오지 않고 발기는 계속된다. 성적 자극을 받지 않게 되면 해면체에 존재하는 포스포다이에스터레이스5 억제제(PDE5 억제제, 발기부전치료제)라는 효소가 기능하여 사이클릭 GMP가 물과 반응해서 분해되어 발기가 진정된다.

**13**

## ● 발기의 원리

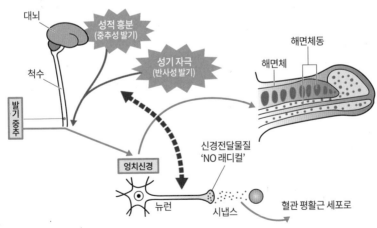

## 04 긴장하지 않는 타입!
## 그런데 왜 심장은 두근거리는 걸까?

심장벽의 중층을 이루고 있는 두꺼운 근육을 심근이라고 한다. 이것은 심장에만 있는 특별한 근육으로 전신에 있는 근육 중에서도 가장 튼튼한 조직이다. 이 심근을 규칙적으로 늘리고 줄임으로써 동맥에서 혈액을 보내고 정맥에 의해 다시 심장으로 돌아가서 전신에 돌아다닌다.

심장은 거의 1초에 1회 수축을 반복하고 안정 상태에 있을 때도 1분동안 약 5ℓ 전후의 혈액을 보낸다. 1일로 따지면 무려 약 7~8t. 1만 ℓ들이 탱크롤리 1대분에 가까운 정도의 양이다.

혈액의 공급량은 몸의 상태에 따라서 크게 바뀐다. 예를 들면 격심한 운동을 하면 심박수는 올라가고, 심장이 괴로워져서 두근두근한 상태이다. 이렇게 되면 1회의 박동으로 심장에서 보내는 혈액의 양도 증가한다. 운동을 하면 1분동안 심장에서 보내지는 혈액의 양은 최대 35ℓ이기 때문에 안정 상태일 때의 7배나 된다.

운동으로 심박수가 빨라질 때 외에도 우리의 심장은 두근두근하는 일이 있다. 무언가에 놀라거나 마음이 설렐 때 심박은 평소보다 빨라지고 두근두근 고동을 친다.

'두근두근'을 일으키는 것은 노르아드레날린*과 아드레날린으로 신경전달물질(속칭 뇌내 호르몬)의 하나이다. 사람은 노르아드레날린과 아드레날린이

---

* 일반적으로 노르아드레날린은 의식과 사고를 활성화하는 역할을 담당하며, 아드레날린은 체내를 돌아 각 장기에 흥분계의 신호를 전달하는 역할을 한다.

> 심장은 신경을 절단해도 규칙적으로 수축 이완 작용을 계속하는
> 자율성이 있기 때문에 심장 이식이 가능하다.

뇌내에 적당하게 있으면 긴장감이 사라지고 건강하게 지낼 수 있으며, 집중력과 적극성도 생긴다. 하지만 이것들이 과잉하게 있으면 불안감을 느끼고 조울 상태가 되며, 반대로 부족하면 기분이 가라앉는 등 우울 상태에 빠지기 쉽다.

　뇌가 놀람과 설렘 등의 자극을 받으면 교감신경의 말단부터 노르아드레날린이 방출된다. 이에 의해 심근세포가 자극을 받아 평소보다 빠르고 강하게 수축하게 된다. 그래서 심장이 두근두근하는 것이다.

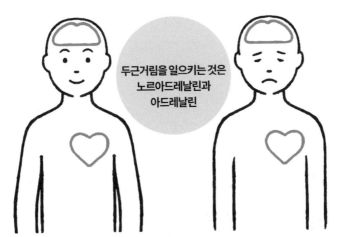

두근거림을 일으키는 것은
노르아드레날린과
아드레날린

적당하면 건강하고 기분 좋게 지낼 수 있다.

과잉이면 불안이나 조울 상태가 되고,
부족하면 우울 상태가 된다.

## 05 마시는 것은 오로지 물뿐! 그런데 왜 소변은 노란색일까?

흔히 소변 색이라고 하면 그때그때에 따라 농담이 있기는 하지만 기본적으로는 노란색이다. 노란색의 주성분은 담즙에 함유된 노란색 색소 빌리루빈*의 분해물로, 주로 우로크롬과 우로빌린이라는 것이다. 덧붙이면 우로란 요(尿)의 의미이다.

이들 물질은 물에 잘 녹는 성질이 있기 때문에 위장에서 방광을 지나 소변에 섞여서 나온다. 또한 식품 성분 중에서도 물에 잘 녹는 물질은 우연히도 노란색이 많다. 그래서 오줌은 노랗게 되는 것이다.

한편 음식이나 음료에 함유되어 있는 다른 색의 성분은 물에 잘 녹지 않는 것이 많다. 커피에 갈색을 부여하고 있는 것은 큰 분자도 토마토의 붉은 색소인 리코핀이라는 카로틴 색소도 물에 거의 녹지 않는다.

따라서 이러한 색소는 오줌에는 섞이지 않고 대변에 섞이기 쉽다. 예를 들어 베트남 요리 등 녹색 채소를 많이 사용한 요리를 많이 먹은 다음 날 대변이 녹색을 띠는 것은 그 때문이다.

그런데 소변의 노란색이 가끔 옅거나 짙게 보이는 것은 왜일까? 그 이유 중 하나는 농도이다. 오줌의 양이 적으면 색이 진해지고 반대로 많으면 옅어진다.

또 하나는 먹거나 마시는 것의 색의 영향이다. 물에 녹기 쉬운 노란색을

---

*  빌리루빈은 수명 약 120일인 적혈구 안에 함유되는 헤모글로빈이 췌장 등에서 파괴되어 생긴다.

위장에서 최초에 만들어지는 원뇨는 1일 160ℓ나 되지만,
대부분이 요세관에서 재흡수된다. 오줌이 되는 것은 1.5ℓ 정도다.

가진 귤을 많이 먹거나 진한 녹차를 마시면 그 성분이 오줌의 노란색을 진하
게 한다.

　그리고 물에 녹는 비타민B군도 노란색이 많다. 몸에 필요한 양을 초과한
비타민도 오줌과 함께 배출되므로 노란색이 더 짙어진다.

**17**

마시는 것은 오로지 물뿐! 그런데 왜 소변은 노란색일까?

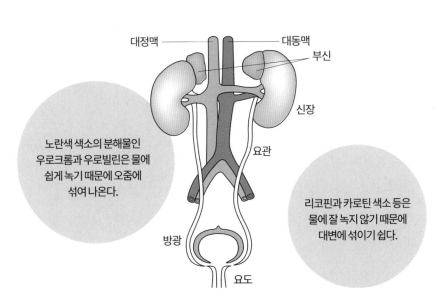

대정맥

대동맥

부신

신장

요관

노란색 색소의 분해물인
우로크롬과 우로빌린은 물에
쉽게 녹기 때문에 오줌에
섞여 나온다.

리코핀과 카로틴 색소 등은
물에 잘 녹지 않기 때문에
대변에 섞이기 쉽다.

방광

요도

## 06 A형, B형, 조류 인플루엔자…
## 왜 인플루엔자는 유행하는 걸까?

인플루엔자는 인플루엔자 바이러스에 감염되어 발증한다. 바이러스는 세균보다 작고 구조적으로도 단순하다. 단백질의 막과 유전 정보가 들어 있는 핵산(DNA 또는 RNA)밖에 갖고 있지 않기 때문에 자기 증식이 불가능하여 사람이나 동물 등에 기생해서 증식한다. 인플루엔자 바이러스는 RNA를 가졌기 때문에 'RNA 바이러스'라고 불린다. DNA 바이러스와 비교해 증식 시에 갑자기 변이가 일어나기 쉽기 때문에 인플루엔자 바이러스는 다른 RNA 바이러스보다 훨씬 갑자기 변이가 일어나기 쉽다. 더구나 바이러스가 언제 변이해서 다음의 새로운 인플루엔자가 발생할지 또 어떤 특징을 갖고 있을지 예측할 수 없다.

원래 사람의 몸은 자신과 다른 물질(항원)이 들어오면 몸 안에서 항체를 만들어 방어한다. 그러나 돌연변이한 바이러스는 원래의 바이러스와는 항원이 달라 방어할 수 없다. 따라서 인플루엔자의 유행이 일어난다.

인플루엔자에는 계절성 인플루엔자와 신형 인플루엔자 두 가지가 있다. A형, B형 등이라 불리는 것이 계절형 인플루엔자이다. 인플루엔자 바이러스의 항원이 작게 변화하면서 매년 세계 각지에서 유행한다. A형*이 가장 유행성이 강하고 C형이 가장 낮다. 예방 접종하는 백신은 매년 유행할 것으로 예측되는 바이러스에 맞추어 제조되기 때문에 매년 백신 접종을 받는 것이

---

\* A형 인플루엔자는 144종류의 아형(HA16종류×NA9종류)이 있다.

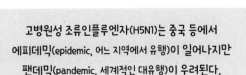

고병원성 조류인플루엔자(H5N1)는 중국 등에서
에피데믹(epidemic, 어느 지역에서 유행)이 일어나지만
팬데믹(pandemic, 세계적인 대유행)이 우려된다.

좋다.

또한 항원이 크게 변이한 인플루엔자 바이러스가 나타나 대유행하는 일이 있다. 이것이 신형 인플루엔자이다. 항체를 갖고 있지 않은 경우가 많기 때문에 계절성의 것보다 감염되는 사람이 많다.

21세기 들어 지금까지의 바이러스 상식을 뒤집어엎는 거대[**]바이러스가 속속 발견되고 있다.

### ● 인플루엔자 바이러스의 모식 구조도

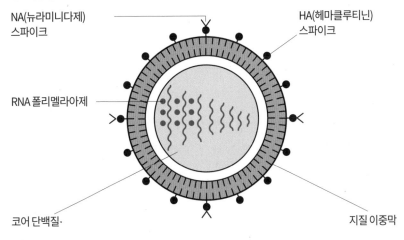

NA(뉴라미니다제)
스파이크

HA(헤마클루티닌)
스파이크

RNA 폴리멜라아제

코어 단백질·

지질 이중막

---

[**] 다케무라 마사하루 『거대 바이러스와 제4의 도메인 생명 진화론의 패러다임 시프트』(코단샤 bluebacks)

## 07 폭음 폭식을 하지 않는다! 그런데 왜 위궤양은 일어나는 걸까?

위가 어떤 원인으로 자기 자신을 소화해버려 내벽의 점막과 그 아래에 있는 근층이라 불리는 부분이 손상, 결손된다. 이것이 위궤양이라는 병이다.

위액은 주로 단백질을 소화한다. 단백질은 위액에 의해서 보다 작은 펩톤(peptone)이라는 분자로 분해된다. 그래도 소화관의 내벽에서 체내로 흡수되기에는 너무 크다.

그래서 다시 십이지장에서 분비되는 췌액에 의해서 작은 분자인 아미노산으로 분해(소화)된다. 그런데 위의 내벽은 단백질로 되어 있기 때문에 위액은 내벽도 잘게 분해하는 힘을 갖고 있다. 물론 이것을 방지하기 위해 위액에는 내벽을 감싸서 보호하는 기능이 있는 점액도 포함되어 있다.

위액은 단백질을 분해하는 펩시노겐, 염산, 점액 3종류의 성분으로 구성된다. 세 가지 성분은 각각 다른 위선(胃腺)에서 분비된다. 펩시노겐과 염산을 공격 인자 쪽에, 점액을 방어 인자 쪽에 두고 어느 쪽인가 지나치게 강해지거나 약해지면 위궤양이 된다는 설이 기존부터 전해오는 천칭설이다.

그러나 최근 화제가 되고 있는 것이 헬리코박터 파일로리(파일로리균*). 파일로리균이 배출하는 독소가 위의 점막에 있는 세포막에 잘못된 신호를 보내 세포가 벗겨지고 그로 인해 위의 조직이 위산이나 소화효소에 직접 노출

---

* 파일로리균은 점액에 들러붙어 살고 있어 그대로는 염산에 당하기 때문에 요소를 분해해서 암모니아를 생성하고 염산을 중화해서 몸을 보호하고 있다.

되어 위궤양이 된다.

　파일로리균은 사람의 배설물에 섞여 나온 것이 불결한 환경에서 다른 사람의 입에서 위로 감염되는 것으로 여겨진다. 파일로리균의 균을 가진 사람 전부가 위궤양에 걸리는가 하면 반드시 그렇지도 않다. 일본인의 절반은 보균자라고 하지만 그중 위궤양이 되는 것은 4% 정도라고 한다. 나머지 96%는 파일로리균과 공존하며, 이를 설명하기에는 기존의 천평설이 유효하다고 할 수 있다.

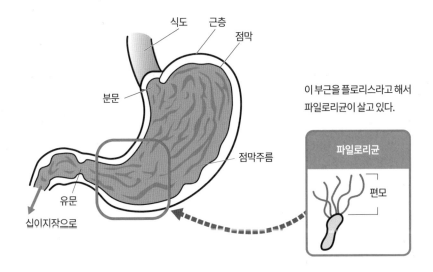

식도　　근층

점막

분문

이 부근을 플로리스라고 해서
파일로리균이 살고 있다.

점막주름

파일로리균

유문

편모

십이지장으로

## 08 가능하면 걸리고 싶지 않은 병 1위!
## 왜 암에 걸리는 걸까?

암이란 정상적인 세포가 분열해서 증식할 때 어떤 형태로 이상(異常)이 일어나서 암화함으로써 일어나는 질병이다.

보통 세포 분열에서는 원래의 세포와 완전히 똑같은 것이 재생되는 것이 원칙이지만 때로는 복사 오류가 일어나는 일이 있다. 이상의 원인은 유전자의 디옥시리보 핵산(DNA)이 방사선과 화학물질, 흡연 습관, 음식물 중의 발암물질 또는 암 바이러스에 의한 감염 등의 영향을 받는 것이다.

이처럼 새로운 세포가 만들어지는 장소에서 암이 발생하기 쉬우므로 성인의 심장과 골격근, 뇌세포와 같이 세포 분열이 일어나지 않게 된 장소에서는 암이 발생하지 않는다. 유전자에 이상을 일으켜 정상 세포를 암화시키는 것을 암 유전자라고 부르며 무려 100종류 이상이 발견되고 있다. 암 유전자도 본래는 정상 세포 중에서 암 유전자로서 활성화되어 있지 않으면 세포 분열에 의한 증식과 분화 등 우리의 생존에 필요한 역할을 하고 있다. 그런데 그것이 이상을 일으키면 암이라는 무서운 질병을 일으키는 것이다.

그런데 정상 세포는 세포 분열의 횟수에 한도가 있지만, 암 세포의 분열에는 한계가 없다.

더 이상 자기 제어가 되지 않아 무한으로* 계속 분열하는 것이다.

암 세포가 생기면 사람의 몸의 면역 시스템도 지지 않으려고 공격을 한

---

\* 이를 반대로 활용한 것이 iPS 세포라고도 할 수 있다.

> 항암제는 암 세포의 분열, 증식을 저지하는 기능을 한다.
> 폭주한 암 세포를 정상 세포로 유도하는 분화 유도 치료도 있다.

다. 그에 의해서 암 세포의 대부분은 사멸하지만 살아남은 것은 손상을 입었지만 유전자를 조금씩 바꾸어가며 살아남는다.

이렇게 해서 건강하게 진화한 암 세포는 분열해서 배증한다. 이렇게 되면 인체의 면역 시스템으로는 대적하지 못해 외과적 치료에 의한 절제 등을 하는 것 외에는 방법이 없다.

**23**

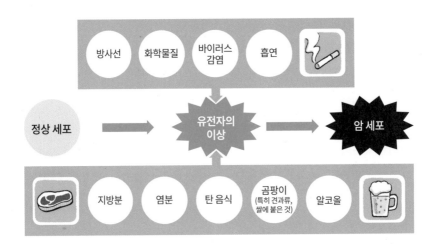

## 09 매년 봄이면 우울!
## 왜 꽃가루 알레르기가 생기는 걸까?

꽃가루 알레르기는 산나무와 노송나무 등 수목의 꽃가루, 벼과나 국화과의 꽃가루 등 알레르겐(알레르기 반응을 일으키는 황원)이 되는 알레르기성 질병이다.

원래 보통 사람이 건강하게 있을 수 있는 것은 면역 시스템의 기능에 의한 바가 크다. 바이러스와 세포가 몸에 침입하면 면역 시스템의 항체가 그것을 억누르고 계속해서 혈전구가 처리한다. 이 항체 중 하나에 IgE 항체*라는 것이 있다.

IgE 항체가 체내에 있는 백혈구의 일종인 비만 세포와 결합하면 이 세포에 저장되어 있는 히스타민 등의 화학물질이 분비된다. 이 히스타민이야말로 인체를 알레르기로부터 보호하는 강력한 무기이다.

히스타민은 외부에서 꽃가루 등 이물질이 침입하면 모세혈관을 넓혀 혈액 중의 대(對)알레르겐의 기능을 촉진한다. 나아가 내장에 있는 평활근을 수축시켜 알레르겐이 다른 장소로 이동하는 것을 방지하는 역할도 한다. 이렇게 해서 꽃가루를 가능한 한 체외로 추방하는 것이다.

이때 일어나는 것이 꽃가루 알레르기 증상이다. 재채기와 이물질을 불어 날려버리기 위한 것이며 콧물과 눈물도 꽃가루를 씻어내기 위해서다. 또 코막힘이 일어나는 것도 더 이상 이물질을 들여보내지 않기 위한 방어이며, 이

---

* 항체는 마스트 세포에 연결되어 항원이 특이적 IgE 항체와 달라붙으면 마스트 세포가 파열해서 히스타민을 방출하여 알레르기 반응을 일으킨다.

> 히스타민이 과잉 상태가 되면 뇌로 흐르는 혈액량이 감소해서 의식을 잃고,
> 급격한 혈압 저하로 심부전증을 일으키기도 한다.

것이 꽃가루 알레르기가 일어나는 메커니즘이다. 어느 특정 사람에게 알레르기 반응이 일어나는 것은 그 사람이 반응하는 알레르겐에 대해 특이한 IgE 항체를 갖고 있기 때문이다.

덧붙이면 꽃가루 알레르기를 포함한 알레르기성 질환이 급증한 것은 최근 40년 정도의 일이다. 이것은 알레르기 체질인 사람이 증가한 것이 아니라 환경 변화 등의 탓으로 그동안 발병하지 않았던 사람까지 알레르기 증상을 일으키게 됐기 때문이다.

## ● 꽃가루 알레르기가 일어나는 원리

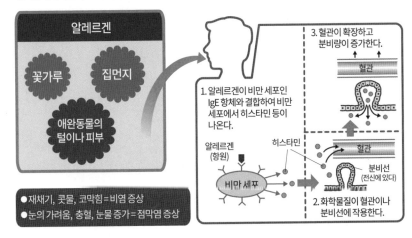

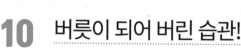

# 10 버릇이 되어 버린 습관! 왜 손가락은 '뚝뚝' 소리가 나는 걸까?

손가락을 '뚝뚝' 하고 소리를 내는 사람이 있는데 이것은 손가락의 관절 중에서 '기체'가 튀는 소리이다. 손가락의 관절이 서로 마주하는 부분은 관절낭이라는 주머니로 둘러싸여 있고, 이 안에 관절을 부드럽게 움직이게 하는 활액*(관절액)이 들어 있다.

활액을 비롯해 원래 액체라는 것은 밀폐된 상태에서 압력이 내려가면 안에서 기체가 발생하는 성질이 있다.

손가락도 관절을 굽히거나 당기면 압력이 내려가 기포가 발생한다. 또한 손가락을 잡아당기면 기체가 튀겨서 '뚝, 탁' 하는 소리가 울리는 것이다.

기포가 튀는 순간은 작은 면적이지만, 순간적으로 1t 이상의 힘이 작용한다고 한다.

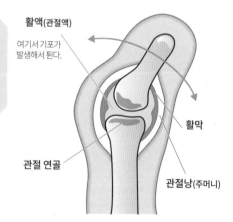

활액(관절액)

여기서 기포가 발생해서 튄다.

활막

관절 연골

관절낭(주머니)

---

* 활액은 달걀흰자와 비슷한 알칼리성 액체이다. 단백질과 히알루론산을 포함하며 관절의 움직임을 부드럽게 하는 등의 역할을 한다.

# 제 2 장

음식의 화학

## 맛, 영양의 신비함!

## 11 구운 소고기, 닭 꼬치구이, 구운 돼지고기!
# 왜 고기는 구우면 맛있는 걸까?

고기를 싫어하는 사람이라면 몰라도 스테이크는 역시 맛있다. 원래 동물의 고기는 죽으면 질겨진다. 이유는 호흡에 의한 산소 공급이 중단되어 근육 중의 글리코겐에서 젖산이 생겨서 침투압을 크게 함으로써 근육 중의 수분이 고정되기 때문이다.

잠시 지나면 근육은 단백질 분해 효소 등의 작용으로 자기소화가 시작되어 다시 연해진다. 또 다시 시간이 지나면 단백질이 아미노산으로까지 분해됨으로써 맛 성분이 생겨나서 풍미도 좋아진다.

그렇다고 해도 그대로는 질겨서 먹기에는 적합하지 않다. 이것은 근육을 근섬유와 콜라겐의 강력한 결합 조직이 싸고 있기 때문이다. 이 콜라겐은 가열하면 수축하고 다시 가열하면 쇠사슬과 같은 결합 조직이 끊겨져 젤라틴화한다. 그래서 강한 결합 조직이 약해지고 근섬유도 풀려서 고기가 부드러워진다.

가열의 하나가 바로 스테이크와 같이 '굽는' 조리법이다. 덧붙이면 굽는 행위는 인류가 불을 발견한 이래 시작된 매우 오랜 조리법*이다. 삶고 찌는 등의 요리는 1만 년 정도로 역사가 짧으며 튀기고 볶는 것은 기름을 사용하게 되고 나서 시작됐다.

그럼 콜라겐은 구움으로써 부드러워지지만 고기의 근원섬유(근섬유를 구성

---

* 아마 산불로 죽은 짐승의 고기를 먹고 우연히 발견한 조리법일 것이다.

> 소고기에 풍부하게 함유되어 있는 트립토판은
> 행복 호르몬이라고도 불리는 세로토닌을 증대하는 영양소다.

하는 미세한 섬유)의 구조 단백질은 가열하면 단백질의 변성 응고에 의해서 딱딱해진다. 스테이크가 맛있게 굽히느냐 그렇지 않느냐는 콜라겐의 젤라틴화의 진행 정도와 근원섬유 경화의 균형에 따라 결정된다.

스테이크가 제대로 익으면 생기는 것이 멜라노이딘이다. 이것은 식품 중의 당과 아미노산이 가열에 의해서 갈변한 것이다. 밥의 누룽지나 튀김옷과 같이 향긋한 맛의 근원이다.

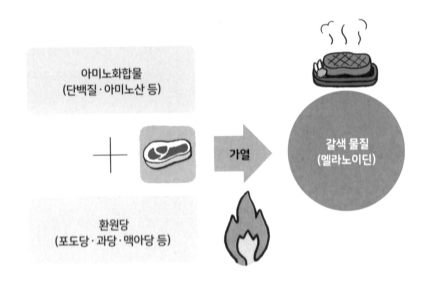

## 12 일본주, 소주, 와인, 위스키! 왜 양조주와 증류주가 있는 걸까?

인류가 최초로 마신 술은 과실주*라고 한다. 사과를 껍질째 갈아서 만든 사과 주스를 병에 담아뒀더니 다음날 그것이 발효했다던가. 알코올 발효에 필요한 천연 효모가 사과의 표피에 붙어 있었기 때문에 발효가 시작되어 술이 됐다는 것이다.

술 제조는 양조학에서는 원료에 따라 포도당 원료와 전분질 원료 두 가지로 나누는 경우가 있다. 포도당 원료는 사과와 포도 등의 과실과 같이 당질, 특히 글루코오스(포도당)를 함유한 원료를 말한다. 효모에 의해 알코올 발효하고 사과주와 포두주가 만들어진다.

전분질 원료는 쌀이나 보리, 옥수수 등의 곡류, 감자나 고구마 등의 감자류이며 주성분은 전분이다. 보통은 술을 만드는 효모는 전분을 먹지 않지만 그래서는 알코올 발효를 일으킬 수 없다. 그래서 우선 당화라는 공정을 사용하여 전분을 당류로 분해할 필요가 있다. 그중 한 방법으로, 예를 들어 일본과 동남아시아에서는 우선 곰팡이를 사용해서 누룩을 만든다. 그 안에 생기는 효소인 아밀라아제에 의해서 당화를 거치고 이후 효모로 발효시킨다. 누룩곰팡이를 쌀에 입혀 누룩을 만드는 것이 청주 제조 과정이다.

서양에서는 맥아로 만드는 아밀라아제를 사용해서 전분을 분해한다. 이

---

* 일부 유인원과 인류는 알코올을 분해할 수 있는 유전자를 공유하고 있다.
  원숭이가 원주(猿酒, 옛날부터 귀하게 여겨 비싼 값으로 팔렸다지만 그 사실 여부는 확인하기
  어렵다)에 취해서 나무에서 떨어져 사람이 되었다던가?!

양조주와 증류주에 과실과 약초 등을 배합한 것이 매실주와 같은 혼성주이다.
리큐르라는 이름으로 친숙하다.

## ● 여러 가지 종류가 있는 술

| 원료 | | 당화 | 발효 | 증류 | 혼성 |
|---|---|---|---|---|---|
| 포도당 원료 | 포도<br>사과<br>기타 과실<br>당밀<br>수유 | | 포도주<br>사과주<br>케피어<br>쿠미스 | 브랜디<br>럼 | 감미 포도주<br>야주<br>리큐르<br>큐라소<br>압생트<br>미림<br>합성 청주 |
| 전분질 원료 | 쌀<br>보리<br>호밀<br>옥수수<br>감자<br>고구마 | 누룩<br>맥아 | 청주<br>소흥주<br>맥주 | 소주<br>마오타이주<br>위스키(몰트,<br>글렌피딕<br>워커<br>진 | |

렇게 해서 보리에서 맥아를 사용해서 만드는 것이 맥주이다. 발효를 이용해서 만드는 술은 양조주라고 불리며 청주나 백주, 포도주 등이 대표적인 술이다.

한편 보다 알코올이 강한 것은 증류주로, 간단히 말하면 양조주를 증류해서 만든다. 예를 들면 쌀이나 보리, 감자 등의 발효주를 증류하면 소주가 생긴다. 증류주는 별명 스피릿이라고 부른다. 위스키와 소주 외에도 칵테일의 베이스로서 활약하는 워커와 테킬라, 진, 럼이 대표적이다.

# 13  원래는 우유!
## 그런데 왜 치즈는 굳는 걸까?

소와 염소, 양 등의 젖을 사용해서 만드는 발효유 치즈. 동물의 젖을 이용한 것은 약 6000년 전 중앙아시아의 초원에서 사람들이 가축을 길러 먹고 그 젖을 인간의 아이가 마시고 동물의 새끼에게 전달하는 것에 시작됐다고 한다.

동물의 유방과 유두 주위에 있는 분비선에는 유산균이 다수 붙어 있다. 유산균은 새끼 짐승에 주는 젖을 길항작용에 의해 유해한 세균을 격퇴해서 지키고 있다.

유산균은 젖 안에 함유된 유당을 먹고 체내에서 유산 발효로 생긴 유산을 체외로 토해낸다. 유산에는 항균성이 있어 산성이므로 많은 부패균의 번식을 저지한다. 따라서 발효유가 되면 부패균이 침입하기 어려워 보존이 가능하다. 요구르트와 치즈를 장시간 보관할 수 있는 이유이다.

아마 최초의 발효유는 요구르트와 같은 반고체상의 말랑말랑한 것이었을 것이다. 유지 성분인 이것을 조금씩 먹고 있는 사이에 며칠 후 나머지 위쪽이 조금씩 굳어지고 그 주위에 물과 같은 액체가 스며든다.

그것을 다시 한 번 균일하게 만들려고 봉 등으로 잘 교반하자 이번에는 고체와 액체가 나뉜다. 교반의 자극으로 말랑말랑한 막이 파괴되고 안의 지방이 튀어나와 부유하면서 굳어져 고체가 된다. 이것이 원시적인 버터이다.

이것을 덜어낸 후 남은 액체를 보면 바닥 쪽에 침전물이 있을 것이다. 시

> 유산에서 카제인을 응고시키는 것은 더운 지역이 아니면 불가능하다.
> 더운 지역 이외에서는 렌넷(rennet)이라는 어린 짐승의 제4위에서 취한 단백질
> 분해 효소제를 사용한다.

험 삼아 졸여보니 응집한다. 이것은 카제인*이라는 단백질이 응고한 것에 의한 것이다.

한걸음 더 나아가 떠오른 것을 손으로 짜서 둥근 알맹이로 만들어 소금을 첨가하니 맛이 좋았다. 햇볕에 말려 수분을 날리니 맛이 더 응축되어 맛이 더 증대한다. 이것이 바로 치즈의 탄생이다.

## ● 치즈 만드는 방법

① 원료유를 저온에서 가열하여 살균한다.

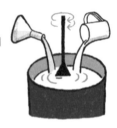

② 유산균을 첨가하여 효소(렌넷 등)를 첨가해서 응고시킨다.

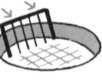

③ 가늘게 잘라 모유(젖, 유청)가 나오기 쉽게 한다.

④ 가열하면서 조용히 교반한다. 그 후 형틀에 채워서 모유를 짜고 나서 발효·숙성시킨다.

---

\* 카제인 단백질이 모여 콜로이드 입자를 만든다. 이 표면에서 빛이 난반사하므로 우유는 하얗게 탁해 보인다.

# 14 베이컨, 햄은 보존식이었다! 왜 훈제는 오래 보관 가능할까?

베이컨이나 소시지, 소고기 육포와 훈제 연어 등 훈제는 맛있는데다 오래 보관이 가능하다. 벚꽃이나 너도밤나무 등의 톱밥이나 나무를 태워서 그 연기로 식재를 태워서 만드는 것이다.

원래 보존식으로 시작한 훈제가 오래 유지되는 이유는 크게 두 가지 있다.

우선 첫 번째 이유는 고기와 생선 등 태운 식재의 수분이 줄어 건조하는 것이다. 식물을 썩게 하는 것은 미생물의 소행이지만 그 미생물도 생물이다. 수분이 약 40% 이하인 곳에서는 번식이 어렵다. 그 때문에 훈제는 쉽게 상하지 않는다.

두 번째 이유는 연기의 효과이다. 훈제를 만들 때는 톱밥이나 나무를 산소 부족 상태로 해서 불완전 연소시킨다. 완전 연소시켜 버리면 연기가 나오지 않아 훈제를 만들 수 없다.

불완전 연소로 나오는 연기에 포함되어 있고 다 타지 않는 작은 분자 속에는 알데히드계인 포름알데히드*와 페놀** 같은 것이 존재한다. 포름알데히드와 페놀은 완전 연소하면 그저 단순한 탄수화물과 물이 된다. 모두 생물의

---

\* 알데히드는 알데히드기(−CHO)를 가진 화합물의 총칭. 포름알데히드(HCHO)는 그중 가장 간단한 화합물로 강한 환원성을 지녔다.

\*\* 페놀은 방향족 탄화수소의 수소 원자를 수산기(−OH)로 치환한 화합물의 총칭. 소독에 사용되는 크레졸의 동료이다.

단백질과 반응하기 쉽기 때문에 식재에 잠재해 있는 미생물의 단백질도 변성시켜 버린다. 때문에 미생물은 죽어 버리므로 훈제는 썩지 않는다.

훈제의 표면에 부착한 포름알데히드 등의 알데히드군은 새로이 침입하려는 미생물도 죽인다. 또 식재 표면의 단백질과 결합해서 강한 피막을 만든다. 이 피막이 외부로부터 잡균 등이 침입하는 것을 방지하기 때문에 훈제는 한층 더 장기 보존이 가능하다.

덧붙이면 연기가 눈에 들어오는 것도 눈의 수정체를 형태 짓고 있는 단백질에 포름알데히드 등이 자극을 가하기 때문이다. 하지만 훈제에 포름알데히드 등이 붙어 있어도 인간에게는 무해한 양이므로 안심해도 좋다.

### ● 훈제의 간단한 제조 방법

냄비 아래에 알루미늄 호일을 깔고 스모크 칩을 올린 후 그물망을 걸어서 그 위에 식재를 올린다. 뚜껑을 닫고 가열한다.

# 15 왜 쌀은 익혀서 먹는 걸까?

밥을 지어 먹는 것은 일상적이고 당연한 일이다. 그래도 생각해 보면 '쌀 = 짓는다'는 조리법은 의아하게도 생각된다.

원래 쌀의 주성분은 전분으로 약 75.6% 함유되어 있다. 전분은 물에 녹지 않고 소화가 되기 어렵기 때문에 쌀을 생것으로 먹는 것은 불가능하다. 만약 생것 그대로나 가열해도 설익은 상태의 전분을 먹으면 설사를 한다. 사람은 소와 같이 반추위가 없는가 하면 생 전분을 소화하는 효소도 없기 때문이다.

이처럼 물에 녹지 않고 소화가 어려운 생 상태의 전분을 베타 전분이라고 한다. 여기에 물과 열을 가해서 호화*시킨 것이 알파 전분이다. 알파 전분이 되면 사람이 소화·흡수하는 것이 가능하다.

물과 열을 가하기만 해도 된다면 삶아도 되지 않을까 생각할 수 있다. 원리적으로는 그렇지만 사실 삶기만 하면 맛있게 먹을 수 없다.

쌀은 물과 열을 가해서 호화시키는 것이 필요하다고 설명했다. 이 경우 물이 부족하면 쌀이 익지 않으므로 충분한 물이 필요하다. 하지만 지어졌을 때 여분의 물이 남아서는 안 된다. 쌀이 팽팽해질 정도로 속까지 익고 물기는 남아 있지 않아 쌀 입자의 표면이 딱 좋게 말라 있는 정도가 최고다.

그래서 가열 후에 15~30분 정도의 뜸 들이는 과정이 필요하다. 이처럼 뜸을 추가해서 냄비 바닥의 수분이 없어지도록 가열하는 방법이 '짓는' 것

---

* 전분을 수중에서 가열하거나 알칼리 용액과 같은 용매로 처리하면, 팽창되어 점도가 높은 풀로 변화하는 것이다. (출처　네이버 지식백과)

> 같은 쌀이라도 찹쌀은 짓는 조리법으로는 먹을 수 있는 상태가 안 된다.
> 때문에 찌는 조리법이 필요하다.

이다. 구체적으로는 냄비 바닥의 수분이 없어져 쌀과 냄비 바닥의 접촉면이 220℃ 이상이 되는 것이 이상적이다. 이때 쌀은 최고로 맛있게 지어지고 냄비 바닥의 쌀은 옅은 갈색의 향기로운 누룽지가 된다.

## ● 전분의 호화

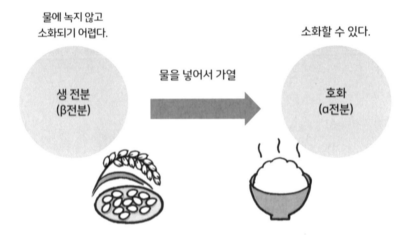

물에 녹지 않고
소화되기 어렵다.

소화할 수 있다.

생 전분
(β전분)

물을 넣어서 가열

호화
(α전분)

# 16 글루텐은 실은 단백질! 왜 밀가루로 빵을 만들 수 있는 걸까?

　빵, 국수, 과자와 같이 밀가루의 변화무쌍한 비밀은 바로 글루텐에 있다. 글루텐이란 밀가루에 함유된 특수한 단백질이다. 밀가루의 주성분은 전분으로 약 70%를 차지하지만, 7~15%의 비율로 단백질이 포함되어 있다. 그 대부분은 글리아딘과 글루테닌이라는 2종류다. 밀가루에 물을 추가해서 잘 반죽하면 이 두 분자가 얽혀서 망상 조직이 생긴다. 이것이 글루텐이다.

　밀가루에는 강력분, 중력분, 박력분 3종류가 있고, 차이는 함유되는 글루텐의 양에 있다. 빵과 마카로니에는 글루텐이 많아 딱딱하게 마무리하는 강력분, 과자 등에는 글루텐이 적어 부드럽게 마무리하는 박력분이 사용된다. 또한 우동이나 라면 등의 면류는 부드러움과 씹는 맛 모두가 필요하므로 중간인 중력분이 적합하다.

　부푼 빵으로 만들려면 빵 효모*인 이스트를 직접 섞는다. 이스트는 조금의 당을 에너지원으로 해서 번식하고 탄산가스를 발생한다. 이 가스로 생지를 부풀리는 것이다. 과자의 경우는 탄산수소나트륨(베이킹소다)을 추가해서 가열하고 이산화탄소를 발생시켜 부풀게 하거나 통달걀 또는 달걀흰자를 거품내서 추가하고 가열하기도 한다.

　덧붙이면 라면의 경우는 밀가루에 냉수를 섞어 반죽한다. 이것은 염분이

---

\* 빵 효모는 맥주 효모 등과 같은 동료인 단세포 미생물로 각각의 용도에 따라 적합한 균주를 선택해왔다.

유지를 사용하면 단백질과 물의 접촉을 방해하여 글루텐의 형성을 방해하기 때문에 무르게 완성된다.

강한 수용액으로 알칼리성이다. 밀가루는 알칼리성 물질을 섞어 잘 반죽하면 글루텐의 분자 구성 방법이 바뀌어 면에 탄성이 생긴다.

이처럼 밀가루는 추가하는 것에 따라서도 자유자재로 변한다. 예를 들면 설탕을 추가하여 반죽하면 생지 안의 수분이 빼앗겨 글루텐의 형성이 지연되고 점탄성이 감소한다. 그러면 부드러운 해면상의 조직이 얻어지므로 케이크에 딱 맞다.

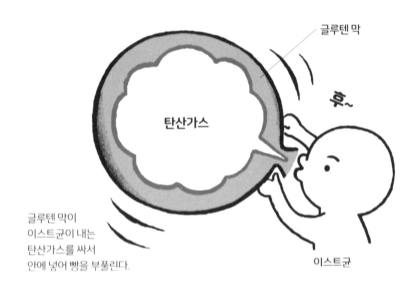

글루텐 막

탄산가스

글루텐 막이
이스트균이 내는
탄산가스를 싸서
안에 넣어 빵을 부풀린다.

후~

이스트균

## 17 껌의 원료는 수액이었다?! 왜 껌은 부드러워지는 걸까?

씹으면 부드러워지는 신비한 추잉껌은 원래는 딱딱한 판상이다. 씹은 후에 남는 껌 베이스에 사용되는 것은 수액이다. 멕시코 서부와 과테말라, 온두라스 등 중미에 자라는 사포딜라라는 거목의 수액이다.

4세기경 이 토지에 살던 마야족과 아스테카족 사람들이 사포딜라의 수피에 상처를 내고 수액을 모은 후 졸여서 만든 치클이라는 것을 씹었다고 전해진다. 이것이 현재 추잉껌의 원형으로 멕시코 인디오에 전해진다. 또 스페인계 이민계로 확산되어 미국에서 판매됐다. 일본에서는 다이쇼부터 쇼와에 걸쳐 일본산 껌이 발매됐지만 팔리지 않다가 패전 후에 미군 병사의 껌에 자극받아 빠르게 보급됐다.

치클 등의 식물성 수지\*를 채취하여 현지에서 졸여서 수분 30%의 상태로 하고 나서 수입된다. 여기에 폴리초산비닐과 에스테르 껌, 탄산칼슘 등을 섞어 잘 졸이면 껌 베이스가 완성된다. 이 폴리초산비닐이 바로 딱딱한 껌을 부드럽게 하는 역할을 한다.

고분자 물질 등에서 저온에서는 딱딱한 유리와 같은 상태이지만, 온도를 높이면 부드러운 고무상으로 변화하는 현상을 유리전이라고 하며 그 변화가 일어나는 온도를 유리전이온도라고 한다.

폴리초산비닐은 유리전이온도가 실온과 사람의 체온 사이에 있다. 그래

---

\* 식물성 수지는 이름 그대로 소나무나 전나무 같은 나무에서 채취한 끈적끈적한 지방으로, 공기에 노출되면 응고되는 물질을 말한다.

서 딱딱한 껌은 입안에서 씹는 사이에 부드러워지는 것이다.

껌 제조 과정에 대해 좀 더 설명하면 껌 베이스를 작은 입자로 해서 설탕과 포도당, 콘 시럽, 향료, 연화제와 섞는다. 잘 섞고 나서 시트상으로 한 후 파우더 슈거를 뿌리고 마지막에 잘라서 완성한다.

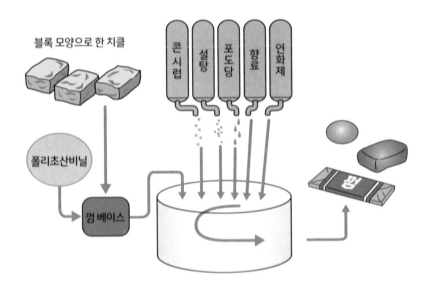

블록 모양으로 한 치클

콘시럽　설탕　포도당　향료　연화제

폴리초산비닐

껌 베이스

껌

## 18 겨울에 맛있는 고구마! 왜 돌에 구운 고구마는 맛있는 걸까?

소화라고 하면 입에서 식도를 통해 내려간 음식물이 흡수되어 영양이 되는 것이라고 정의된다. 그러나 음식물을 소화기관에 넣었다고 해서 영양소가 체내에 흡수되지는 않는다. 전분 등의 당질, 지방, 단백질 등의 영양소는 그 상태 그대로는 흡수할 수 없다.

그래서 사람의 몸은 소화관 내에 소화를 위해 효소를 분비한다. 효소에 따라서 영양소를 물에 녹기 쉽게 하고 작게 분해하고 나서 체내로 흡수한다. 이 분해를 화학적 소화라고 하며 화학적 소화를 돕기 위해서는 큰 덩어리의 음식물을 작게 분쇄하여 소화액과 음식물을 섞을 필요가 있다. 이것을 기계적 소화라고 한다. 음식을 먹을 때 이로 씹어서 저작*하는 것도 기계적 소화에 포함된다.

또한 소화관 중에서 영양소를 소화 · 흡수하여 혈액에서 몸 안의 세포 내에 흡수하는 것을 세포 외 소화라고 한다. 세포 외 소화에서는 소화 효소에 의해서 전분, 지방, 단백질 등이 분해되지만 각각의 영양소에 작용하는 소화 효소는 다르다. 예를 들면 전분에는 아밀라아제**라는 소화 효소가 기능하여 당 분자로 분해한다.

사실 고구마에 이 아밀라아제가 존재한다. 전분에 한하지 않고 지방과 단

---

*  음식을 입에 넣고 씹는다.

**  아밀라아제는 이전에는 디아스타제라 불렸으며, 주로 수액선과 췌장에서 분비된다.

생물의 체내에는 다양한 효소가 존재한다. 효소에는 기질 특이성이라는
특정 물질(기질)에 특정 효소만 작용하는 성질이 있다.

백질 각각을 분해하는 소화 효소는 다양한 식물에 포함되며 종자의 발아와
성장에 도움을 준다. 이들 소화 효소가 기능하는 화학반응은 세포 내에서 이
루어지지만 실은 동물의 소화관 내에서 이루어지는 소화와 완전히 같은 반
응이다.

고구마에 포함된 아밀라아제는 고구마의 내부 온도가 50℃ 정도가 되면
전분의 분해가 활발해진다. 분해가 진행한 결과 단맛 성분인 당분이 증가하
여 단맛이 증가하는 것이다.

따끈따끈 데워진 시간이 길수록 단맛은 강해진다.

● 돌에 구운 고구마가 맛있는 것은 아밀라아제 덕분

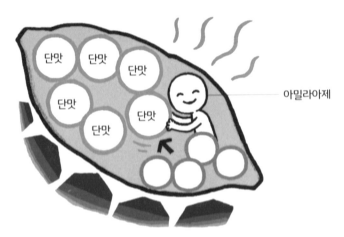

아밀라아제

# 19  버섯은 '나무의 씨'에서 유래하는가?!
# 왜 '키노코'라고 불리는 걸까?

키노코(가지버섯)의 단어는 나무의 씨에서 유래한다고 한다. 쓰러진 나무 등에 많이 발생하고 에노키타케(팽이버섯)는 팽나무에, 표고버섯은 모밀잣밤나무에, 송이버섯은 적송 등 특정 나무에서밖에 발생하지 않는 것에서 이름이 붙은 것도 있다.

키노코는 삼림의 생태계에서 중요한 역할을 한다. 지표에 퇴적한 식물의 유체는 우선 세균이나 곰팡이에 의해서 탄수화물과 질소화합물, 전분 등이 분해된다. 다음으로 세균, 곰팡이 그리고 키노코가 셀룰로오스와 헤미셀룰로오스 등의 물질을 분해하고 다시 키노코가 리그닌이라는 성분을 분해해서 최종적으로 무기화되어 식물에 재이용된다. 키노코는 삼림의 리사이클 업자인 동시에 나무의 부모이기도 하다.

키노코는 영양을 섭취하는 방법에 따라 다음 세 가지[*]로 분류된다.

**공생균(균근균)** : 살아 있는 식물의 뿌리에 균근을 형성하고 저분자의 당을 받는 대신 균사가 토양과 유기물에서 흡수한 다양한 무기염류와 수분을 식물에 제공한다.

**기생균** : 살아 있는 식물과 동물에 기생하며 일방적으로 영양을 흡수한다. 곤충과 다른 균류 등에 기생하는 동충하초가 유명하다.

---

[*]  버섯은 효모와 곰팡이 같은 동료인 균류로 균계(菌界)에 속한다. 세균과 혼동되지만 세균은 원핵생물이고 균류는 진핵생물이다.

> 표고버섯은 살아 있는 적송의 뿌리와 공생한다.
> 인공 재배를 하기 위해서는 살아 있는 적송이 필요하기 때문에 토양과 기후 등
> 다양한 조건이 갖추어지지 않으면 어렵다.

**부생균 :** 생물의 유체 등에서 영양을 흡수한다. 송이버섯 등 재배 버섯의 대부분이 속한다.

덧붙이면 일본에서 가장 생산액이 많은 것은 송이버섯이고, 그 재배 역사는 에도시대에서 시작된다. 당시는 떡갈나무와 상수리나무의 원목에 창으로 틈을 뚫어 산에 방치하고, 공기 중에 비산하는 포자가 부착하는 것을 기대하고 재배했다.

시행착오 끝에 전시 중인 1943년 나뭇조각에 표고버섯균을 순수 배양한 종균의 특허를 취득했다. 이 방법은 섭취 작업이 효율적이고 송이버섯이 확실하게 발생하게 되자 전국으로 확대됐다.

기생균
· 동충하초 등

공생균
(균근균)
· 송이버섯 등

부생균
· 팽이버섯
· 표고버섯

## 20 술을 마신 다음날 왜 라면이 먹고 싶은 걸까?

술을 마시면 에탄올이 체내에 스며들고 신경세포에도 들어간다. 그러면 신경의 명령이 전해지기 어려워져 뇌의 활동이 둔해진다. 뇌는 신경의 기능을 회복시키고자 신호의 전달에 작용하는 나트륨이온*($Na^+$)을 요구한다. 이것을 가장 많이 함유한 것은 NaCl, 즉 식염이다. 그래서 뇌는 염분을 섭취하라는 명령을 내린다.

또한 술을 마시면 뇌의 활동에 필요한 에너지원이 되는 글루코오스가 감소 기미가 보인다. 그래서 뇌는 글루코오스를 섭취하라는 명령도 내린다. 글루코오스는 탄수화물의 성분이다. 탈수 상태이기 때문에 수분도 필요하므로 염분 + 탄수화물 + 수분 = 라면이 되는 것이다.

과자와 같은 단것이 당기기도 하는데,
과자에도 염분과 당분이 들어 있다.

염분(NaCl) + 탄수화물

$Na^+$    글루코오스

---

\* 모든 세포는 항상 $Na^+$을 배출하고 $K^+$을 섭취하고 있다. 신경세포는 자극을 받으면 $Na^+$가 세포 내에 유입하므로 세포 외의 $Na^+$은 부족해진다.

# 제 3 장

생활의 화학

## 주변의 왜에 대답하다!

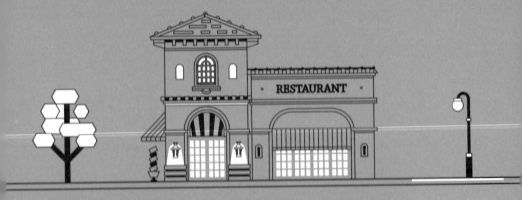

# 21 왜 볼펜은 부드럽게 써지는 걸까?

볼펜에 적용된 여러 가지 기발한 장치 중 가장 핵심은 볼펜 끝의 볼이다. 이 볼이 종이의 저항을 받아 회전함으로써 잉크를 인출하고 다시 회전하여 부착한 잉크를 종이에 전사한다. 다시 말해 초소형 인쇄기라고 할 수 있겠다.

볼펜 끝의 볼은 수좌(受座)의 구멍에 해머로 압입되어 직경 30% 정도가 바깥으로 노출된다. 다음에 볼 바깥쪽 금구의 끝을 당겨 안쪽으로 압축한다. 당긴 힘이 약하면 볼이 유지할 수 없고 지나치게 강하게 당기면 회전하지 않으므로 적당히 조여야 한다. 볼과 이것을 내장한 수좌가 있는 홀더 부분을 칩이라고 하고, 잉크가 들어 있는 튜브와 연결되어 있다.

볼의 직경은 0.5~0.7㎜. 부드럽게 회전하며 경쾌하게 써지기 위해서는 진구(眞球)인 것이 불가결하다. 볼의 진구도는 1만분의 3㎜ 이하이고 손목시계의 정밀 부품 이상의 정도가 요구된다.

볼펜으로 1초간 10㎝의 선을 그으면 직경 0.7㎜의 볼로 45회전, 0.5㎜의 볼로는 60회전이나 한다. 고속열차의 바퀴보다 빠르게 회전하고 있다는 계산이다. 그래서 볼에는 마찰에 강하고 내마모성이 우수한 재료가 요구된다. 때문에 텅스텐 카바이드*와 루비, 세라믹스 같은 매우 딱딱한 소재가 사용된다.

---

* 텅스텐 카바이드는 같은 수의 텅스텐 원자와 탄소 원자로 구성되는 탄소화합물(무기화합물)이다.

한편 잉크는 겔 상태로 중력에 의해서 볼로 전해진다. 때문에 인력(引力)이 없는 곳에서는 볼펜을 사용할 수 없다. 잉크에는 종이에 전사되는 인쇄 잉크 역할 외에 볼과 홀더 사이에서 마모를 방지하는 윤활유 역할도 한다. 때문에 흐름이 일정하고 장시간에 걸쳐 변질하지 않아야 한다.

● **볼펜의 구조**

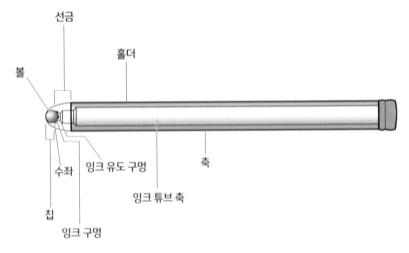

## 22  지금은 대다수가 플라스틱 제품! 왜 지우개로 글자를 지우는 걸까?

옛날의 지우개는 천연고무로 만들었지만, 지금은 대부분이 플라스틱 제품이다. 원료가 되는 것은 염화비닐수지, 가소제인 프탈산디옥틸, 세라믹스 가루이다. 이것들을 2:3:1의 비율로 잘 섞는다.

가소제란 일반적으로는 변형을 일으키기 때문에 고열이나 고압이 필요한 플라스틱을 보다 저온과 저압에서 가공할 수 있도록 하기 위해 첨가하는 물질로, 어디까지나 보조 역할이다.

그러나 사실은 지우개가 글자를 지우는 역할은 가소제인 프탈산디옥틸에 있다. 플라스틱 지우개라고는 하지만 플라스틱의 염화비닐수지에는 글자를 지우는 기능은 없다. 염화비닐수지는 가소제를 제대로 감싸는 역할을 한다.

그러면 지우개는 어떻게 글자를 지울까? 종이의 표면을 현미경으로 보면 종이의 섬유가 얽혀 있다. 거기에 연필의 심인 흑연 입자가 붙어서 글자가 된다. 지우개 가소제의 기름은 흑연* 입자와 연결하는 힘이 매우 강해 입자가 종이에 붙는 힘의 수백 배나 된다. 때문에 가소제가 흑연 입자와 접촉하면 자석이 철을 흡입하도록 입자를 종이의 섬유에서 제거하여 종이로부터 떼어낸다.

종이를 깎아내어 글자를 지우는 거라고 오해하기 쉽지만 흡수해서 지우는 것이다. 원래 원료의 하나인 세라믹스 가루가 종이에 상처를 내지 않을

---

\* 흑연은 탄소로 이루어진 원소 광물이다. 원소를 분석하기 이전에는 납을 포함한다고 여겨졌지만, 납은 전혀 함유되어 있지 않다.

정도로 표면을 깎아내 섬유 중의 흑연 입자를 긁어내는 기능을 하기는 한다.

그러나 그것은 가소제를 흑연 입자와 잘 접촉되도록 돕기 위해서다. 염화 비닐수지가 글자를 지우는 역할을 하는 가소제를 딱 알맞은 강도로 둘러싸고 있는 것이 핵심 기능이다. 적당한 강도이기 때문에 글자를 문지르면 가소제가 나와 글자를 지울 수 있다.

## ● 연필의 글자를 지우는 원리

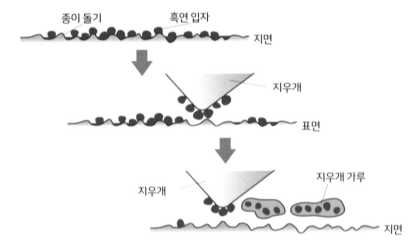

# 23 어떤 것도 붙는다!
## 왜 접착제는 붙는 걸까?

순간접착제의 위력은 대단하다. 이론상의 얘기지만 우표 크기 만한 접착면으로 철과 철을 붙이면 설령 천하장사가 매달려도 떼어낼 수 없다고 한다.

사실 순간접착제가 붙는 것은 분자와 분자 사이에 서로 끌어당기는 힘, 즉 분자간인력*에 의한다. 종이와 플라스틱 같은 물질은 아무리 매끄럽고 반짝여 보여도 그 표면에는 1,000만 분의 1㎜ 정도의 요철이 반드시 있다. 순간접착제는 요철의 패인 부분에 흘러 들어가 굳어져 물건끼리 제대로 붙게 한다. 이것은 접착제의 분자와 붙이는 것의 분자 사이의 분자간인력의 기능에 의한 것으로 앵커 효과(투묘 효과)라고도 한다.

현재 가정용 순간접착제에 사용되는 주성분은 시아노아크릴산에스테르 (시아노아크릴레이트)라는 화합물이다. 이 물질은 수분에 닿으면 순간적으로 분자끼리 소수 결합에 의해서 손을 붙잡아 고분자화해서 굳어지는 성질을 갖고 있다. 일반 풀은 공기에 닿으면 건조해서 붙지만, 순간접착제는 반대로 수분에 의해서 굳는 것이다.

종이와 플라스틱 등 언뜻 보면 물이 존재하지 않아 보이는 것도 대개는 수분을 함유하고 있으며 공기 중에도 습기가 있다. 시아노아크릴산에스테르는 아주 조금의 수분에도 반응해서 굳어진다.

---

* 원자는 이온 결합이 공유 결합(100)으로 연결되어 분자를 형성한다. 분자를 연결하는 분자간 력에는 수소 결합(10)이나 판데르발스(1)가 작용한다. ( )안은 힘의 세기 비율.

이렇게 생각하면 순간접착제가 튜브 속에서 굳어지지 않는 이유도 알 수 있다. 튜브의 출구를 매우 좁게 해서 수소가 들어가지 않도록 했기 때문에 안에서 굳는 일은 없다. 그래도 튜브의 출구를 막아 놓는 것은 아무리 좁아도 미량의 수분에 반응하기 때문이다.

덧붙이면 순간접착제를 너무 많이 붙이면 '순간'적으로는 굳지 않는다. 양이 너무 많으면 화학반응이 일어나는 데 시간이 걸리기 때문이다.

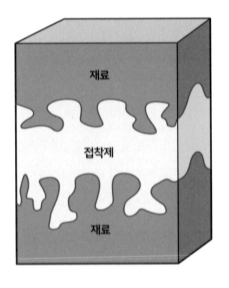

### 앵커 효과
### (투묘 효과)

배의 닻이 해저에 가라앉도록 접착제가 재료의 구멍 안에 침투하여 굳어 있다.

재료

접착제

재료

## 24 기름 떼도 깨끗하게 지운다! 세제는 어떻게 오염을 제거하는 걸까?

세탁 세제는 어떤 원리로 의류에 묻은 오염을 떨어뜨리는 걸까? 샴푸와 트리트먼트, 비누도 마찬가지지만 세제 기능의 비밀은 계면 활성제와 침투력에 있다.

계면이란 기체, 액체, 고체가 서로 접촉하고 있는 경계를 말하며 경계면이라고도 한다. 세탁에 관해 말하면 의류와 지방의 오염이 서로 닿아 있는 경계, 물과 오염이 닿아 있는 경계에 해당한다. 계면 활성제는 계면의 상태를 바꾸어 활성화하는 물질이다. 계면 활성제의 분자는 친유기라는 친유성이 높은 부분과 친수기라는 친수성이 높은 부분이 가늘고 길게 결합되어 생겨 있다. 친유기는 기름이나 오염과 친숙하고 물과는 반발하는 성질이 있다. 반대로 친수기는 물과 친하고 기름이나 떼와는 반발한다. 이와 같이 성질이 전혀 다른 두 가지 성질이 합체해 있는 점이 바로 세제의 파워이다.

세제를 녹인 물에 오염된 의류를 넣어 세탁을 시작하면 친유기가 오염과 의류의 계면에 스며들어 활성화해서 오염을 천에서 제거한다. 그러면 이것을 세제가 구상으로 둘러싼다.

다시 친수기가 가장 바깥쪽으로 와서 다량의 물과 서로 끌어당긴다. 수중에서는 항상 물 분자가 돌아다니며 분자 운동을 하고 있기 때문에 오염을 둘러싼 구상의 세제 입자는 흔들리며 튕겨 나온다. 세탁조의 물이 뽀얗게 탁해 보이는 것은 이 때문이다.

한편 침투력에 관해 말하면 평소 물은 천에 스며들어도 가는(자잘한) 곳까지는 침투하지 않는다. 따라서 물만으로는 의류의 오염은 잘 떨어지지 않

는다.

하지만 세제가 녹아서 물의 표면장력, 즉 물방울이 둥글어지려고 하는 힘이 작아지면 물방울이 그다지 둥글어지지 않고 확산하려고 하기 때문에 젖기 쉬워지고, 섬유의 극간에 메워져 있는 오염을 떨어뜨릴 수 있다. 이것이 세제 고유의 세정 효과*라는 것이다.

## ● 계면 활성제의 모식도와 오염을 제거하는 원리

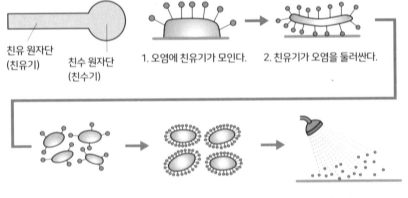

친유 원자단
(친유기)　　　친수 원자단
　　　　　　　(친수기)

1. 오염에 친유기가 모인다.　　2. 친유기가 오염을 둘러싼다.

3. 친유기가
   오염을 데리고 간다.

4. 친수기가 바깥쪽으로
   늘어선다.

5. 오염은 흩어지고 물이
   흘러내린다.

---

\* 모발이나 피부에는 수분이 도망가서 건조해지는 것을 방지하는 피지막이 있다. 계면 활성제는
　그 막을 파괴해 버리므로 지나치게 사용하지 않도록 주의가 필요하다.

# 25 어떻게 청바지는 전 세계에서 사랑받게 된 걸까?

지금이야 전 세계인의 사랑을 받는 청바지(진). 그 시작은 하역장의 노동자가 입던 바지이다.

진이라는 이름의 유래는 이탈리아의 항구 도시 제노아에서 짠 작업용의 두터운 목면 생지를 프랑스의 장인들이 진(Genes, 제노아산의 천)이라고 불린 것에서 그 이름이 붙었다는 것이 일설이다. 또한 해양 왕국 제노아의 돛천(帆布)의 특징인 제노아의 청(Blue de Genes)에 유래한다는 설도 있다.

1848년 시작된 미국의 골드러시 시대. 지금도 진 제조사로 그 명성이 자자한 리바이 스트라우스라는 독일 이민인 잡화상이 포장마차용 텐트 천을 인디고[*]로 물들여 봉제한 작업복을 판매했다.

이것이 잘 팔려서 원료의 생지가 부족해지자 스트라우스는 당시 섬유 공업의 중심지였던 프랑스의 님 지방으로부터 두꺼운 목면 생지를 수입했고, 이것이 진의 기본 소재가 되어 데님이라는 이름이 붙었다. 인기는 있었지만 유럽이나 미국에서는 오래동안 '작업복'이라는 고정 관념으로 받아들여졌다. 그것을 패션으로 밀어 올린 것은 일본의 힘이 크다.

1978년 일본에서 진을 공업용 세탁기 안에서 경석과 함께 빠는 스톤 워시 가공이 개발됐다. 또 1986년에는 진을 연소계 약품의 화학반응에 의해서 부분적으로 색을 뺀 케미컬 워시법도 발표됐다. 이것에 의해서 진은 전 세계

---

[*]  마디풀과의 식물 쪽(藍)의 남색은 남에 포함되는 성분이 가수분해, 산화를 거쳐 2차적으로 생기는 인디고에 의한 것이다.

> 인디고는 섬유의 소면(素面, 무늬가 없는 단색 원단)에만 염착하기 때문에
> 세탁을 반복하는 사이에 염료가 빠진다.

젊은이들에게 사랑받는 패션 아이템이 된 것이다.

데님을 물들이는 인디고의 위기도 있었다. 천연 염료인 쪽을 인공적으로 합성한 인디고는 목면 염료로 보다 진화한 인단트론이 발명되자 수요가 감소했다. 1950년대에는 그 수명이 다할 정도였지만 현재는 전 세계에서 약 1만 7,000t의 수요가 있다.

## ● 건염염료란

**건염염료**
( 인디고,
인단트론 등 )

물에 녹지 않기 때문에 염색 시에 염료가 가진 카르보닐기를 환원제와 수산화나트륨에 의해서 물에 녹일 수 있는 것으로 해서 녹이고, 그것이 섬유에 부착하고 나서 산화에 의해 원래의 색으로 돌아가는 원리의 염료이다.

\* 염료에는 이외에 수용성 염료의 직접 염료 등이 있다.

## 26 다리미가 필요 없다!
# 왜 형상기억셔츠는 주름이 생기지 않는 걸까?

면으로 만든 셔츠의 실 안에는 가늘고 긴 셀룰로오스 분자가 메워진 장소와 비교적 틈이 많은 장소가 있다. 주름이 생기기 쉬운 것은 틈이 많은 부분이다.

세탁 직후에는 물 분자가 잠식해서 셀룰로오스 분자가 얽힌 것을 풀어줘 주름이 없어진 것처럼 보이지만, 마르면 다시 주름이 드러난다. 이 틈이 많은 부분의 셀룰로오스 분자끼리 화학 결합으로 연결하면 쉽게 구부러지지 않는다.

사용되는 것은 작은 분자 포름알데히드*이다. 셔츠에 포름알데히드의 증기를 쏘이면 셀룰로오스 분자를 '가교' 하기 때문에 섬유가 펴진다. 셔츠에 주름이 잡혀도 세탁하면 원래로 돌아가고 반복해서 세탁해도 형태가 무너지지 않는다.

● **형상기억셔츠의 원리**

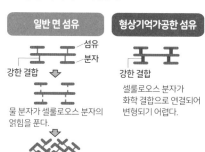

| 일반 면 섬유 |
|---|

섬유
분자

강한 결합

물 분자가 셀룰로오스 분자의 얽힘을 푼다.

마르면 셀룰로오스 분자의 틈이 있는 부분이 접혀 주름이 된다.

| 형상기억가공한 섬유 |
|---|

강한 결합

셀룰로오스 분자가 화학 결합으로 연결되어 변형되기 어렵다.

여기서 소개한 방법은 '가교'라 불린다.

---

\* 포름알데히드는 가장 간단한 구조의 알데히드. 탄소 4개 중 2개는 산소를 공유 결합하고 나머지 2개는 수소와 결합한다.

# 27 셔츠에 묻으면 일대사건?!
## 왜 립스틱은 잘 지워지지 않는 걸까?

립스틱은 왜 잘 지워지지 않는 걸까? 그렇다면 어떻게 해야 지워질까?

립스틱을 발색시키는 것은 색소*이다. 색소 분자를 제대로 받아들여 입술에 잘 스며들게 하는 물질을 첨가하면 색이 잘 날아가지 않는다. 그 기능을 하는 것이 특별한 고분자다.

립스틱의 성분은 색소와 고분자 외에 휘발성이 있는 오일, 반짝이는 성분, 보습제가 있다. 우선 입술에 바르면 오일이 휘발해서 날아가기 시작한다. 그때 고분자가 손을 잡고 그물코를 만들어 색소 분자를 포박한다. 이어서 빛을 내는 성분이 그물코의 극간에서 새어 나와 표면을 덮기 때문에 색도 잘 지워지지 않는다.

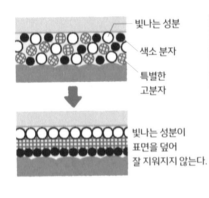

빛나는 성분
색소 분자
특별한 고분자

빛나는 성분이 표면을 덮어 잘 지워지지 않는다.

의류에 묻은 립스틱은 주방용 중성 세제와 클렌징 오일을 섞어서 지운다.

* 색소에는 식물의 클로로필(녹색), 혈액의 헤모글로빈(빨간색) 등 색색의 종류가 있다.

# 28 직장 여성의 고민의 씨앗은?!
# 왜 스타킹의 코가 나가는 걸까?

스타킹은 가는 실을 짜서 실과 실로 얽히게 해서 만들어진다. 손톱 등에 걸려서 실이 잘리면 그곳부터 스르르 실이 풀린다. 이것이 바로 코가 나가는 것이다. 코가 잘 나가지 않는 스타킹은 이 실과 실을 강하게 얽히게 함으로써 실이 잘려서 구멍이 뚫려도 더 이상 확산되지 않도록 돼 있다.

일찍이 스타킹은 명주로 만들었다. 여성들은 고가의 명주 스타킹을 사서 소중히 수선하면서 신었다고 한다. 목면이나 털, 삼베(麻) 등 명주 이외의 천연섬유로 만든 것도 있었지만 그런 소재의 스타킹은 저렴하지만 보기에는 명주에 비해 떨어진다.

형태로 말하면 뒤에 솔기(바느질 자리)가 있는 것부터 솔기가 없는 심리스로 발전했다. 이것들은 허리의 팬티 부분이 없는 것이다. 그 후 심리스 팬티 스타킹이 탄생한다. 팬티 부분은 속옷의 역할을 하며 감추고, 다리의 스타킹 부분은 다리를 아름답게 보이는, 의복의 두 가지 기본적 기능을 가진 획기적인 발명이었다.

팬티스타킹 진화의 주역이 '나일론'이다.

나일론은 고분자 화합물이다. 이것은 분자량이 약 1만 이상인 화합물을 말하며 이처럼 큰 분자를 고분자 또는 거대 분자라고 한다. 그중에서도 면이나 양모, 명주, 동물의 가죽과 목재, 종이와 같이 천연에 존재하는 것을 천연고분자, 나일론과 폴리염화비닐 등과 같이 인공적으로 만드는 것을 합성 고분자라고 부른다.

최근에는 합성섬유의 수요가 약 5,700만 t까지 증가한 반면,
천연섬유는 약 2,500만 t으로 감소했다.

세계에서 처음으로 합성섬유의 개발에 성공한 것은 1935년 미국 듀폰사
의 캐러더스*이다. 그리고 듀폰은 1938년, 마침내 나일론을 발표했다. 이 나
일론이 팬티스타킹을 강하고 튼튼하게, 그리고 보다 아름답게 만들었다.

## ● 스타킹의 그물코를 보면······

### 코가 쉽게 나가는 스타킹

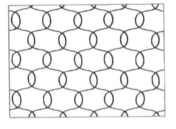

실과 실이 얽혀 있는 부분이 잘리면
술술 풀린다.

### 코가 잘 나가지 않는 스타킹

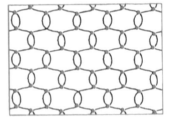

실과 실이 얽혀 있는 부분을 강하게 해
실이 잘려도 잘 풀리지 않는다.

---

\*  천연 고분자가 고분자라는 점을 밝혀낸 것은 독일의 화학자 슈타우딩거. 캐러더스는 이 대발견
　에 흥미를 갖고 나일론의 개발에 성공했다.

# 29 딱딱한 식재료도 싹둑! 왜 식칼은 잘리는 걸까?

오늘날 슈퍼마켓 등에서 볼 수 있는 식칼*은 대부분 스테인리스나 세라믹스 제품이다. 하지만 야채를 써는 날이 얇고 넓은 식칼이나 날이 두껍고 폭이 넓으며 끝이 뾰족한 식칼 등 일본식 칼의 소재는 철이다. 이 철은 사실 합금이다. 원소 기호 Fe로만 된 순수한 철을 만드는 것은 매우 곤란하며 만약 만들었다고 해도 너무 부드러워서 칼붙이로 사용할 수 없다.

그래서 일반적인 철은 철 외에 다양한 원소를 함유하고 있다.

그중에서도 철의 성질상 중요한 원소는 탄소이다. 탄소의 함유량에 따라서 순철, 강철(0.03~1.7%), 선철(1.7% 이상)로 불리며 강철과 선철을 총칭해서 철강이라고 한다. 탄소의 양이 많으면 철은 경도가 증대하는 한편 쉽게 부서진다(물러진다). 반대로 탄소의 양이 적으면 부드러워져 인성이 증대한다.

일본식 칼은 양쪽의 성질을 양립시키기 위해 견고한 강과 부드럽고 인성이 강한 철을 겹쳐 불에 굽고 '탕탕' 두드려서 만든다. 그 과정에서 소둔과 되돌림 같은 방법을 사용해서 철을 연마하고 철강의 성질을 강하게 한다.

철은 온도의 차이에 따라 원자가 늘어서는 방법(결정)이 다양한 형태로 바뀐다. 탄소 성분이 많은 철강 온도를 올리면 탄소분이 철 사이에 제대로 수렴되어 늘어선다.

---

\* 장자(莊子)의 양생주(養生主)편에 등장하는 (包)청(조리실에서 일하는 남자의 의미)이 멋지게 기술로 소를 해체한 것에서 포정(包丁)이라는 이름이 됐다는 설이 있다.

> 곡괭이의 양쪽에 날이 있는 것을 양날,
> 한쪽에 날이 있는 것을 외날이라고 한다.

　이것을 천천히 식히면 원래의 상태로 돌아간다. 그런데 온도를 올려서 물과 기름 등으로 급격하게 식히면 원래의 상태로 돌아가지 못해 그대로 고정되며, 탄소를 둘러싸고 딱딱한 철강이 된다. 이것이 소둔을 한 상태이다.

　또한 소둔**을 한 철강을 400~600℃로 하면 다시 철과 탄소의 늘어서는 방법이 바뀐다. 그것을 천천히 식히면 부드럽고 점성 강한 철강이 된다. 이것이 템퍼이다.

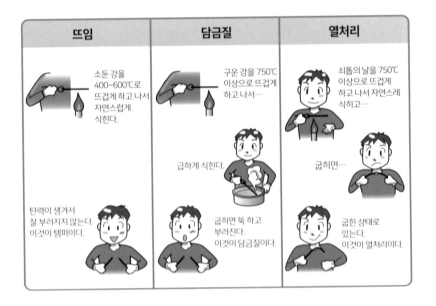

| 뜨임 | 담금질 | 열처리 |
|---|---|---|
| 소둔 강을 400~600℃로 뜨겁게 하고 나서 자연스럽게 식힌다. | 구운 강을 750℃ 이상으로 뜨겁게 하고 나서… | 쇠톱의 날을 750℃ 이상으로 뜨겁게 하고 나서 자연스레 식히고… |
| | 급하게 식힌다. | 굽히면… |
| 탄력이 생겨서 잘 부러지지 않는다. 이것이 템퍼이다. | 굽히면 뚝 하고 부러진다. 이것이 담금질이다. | 굽힌 상태로 있는다. 이것이 열처리이다. |

** 금속 재료를 적당한 온도로 가열한 다음 서서히 냉각시켜 상온으로 하는 조작

## 30 물고기가 부딪혀도 이상무! 왜 수족관의 거대 수조는 깨지지 않는 걸까?

수족관의 거대한 수조는 무엇을 사용해서 어떻게 만들었을까? 예를 들면 오키나와현 모토부쵸의 추라우미 수족관의 대수조는 높이 8.2m, 폭 22.5m, 두께 60㎝이다. 기둥이 없는 1매 패널로 만들어 수조의 패널로는 세계 최대이다. 언뜻 보면 유리 같아 보이지만 그렇지 않다.

실은 석유로 만든 플라스틱의 일종인 아크릴 제품이다. 유리로 만들면 수조의 물 7,500t의 압력에 견디지 못하며 그 정도의 투명도도 있을 수 없다.

아크릴 수지는 비중이 유리의 2분의 1로 가볍지만, 강도는 무려 15배나 되고 가공성도 뛰어나다. 수족관의 패널 이외에도 항공기의 풍방 유리, 점포의 디스플레이나 건재, 가구, 가전제품, 그림 도구[*], 콘택트렌즈와 의치 등의 의료용 재료로도 사용된다.

그렇다고 해도 아크릴 수지로 두꺼운 패널을 만드는 것은 간단한 일은 아니다. 수조의 아크릴 패널은 두께 4㎝ 이내의 아크릴판을 몇 층이나 겹쳐서 만든다. 하지만 단순하게 접착제로 맞붙이는 것은 아니다. 아크릴과 굴절률이 다른 접착제를 사이에 끼우면 빛을 반사하고, 이것을 수십 매나 겹치면 투명도를 잃어 반대편이 보이지 않게 된다.

그래서 우선 2매의 아크릴판 사이에 액체인 아크릴을 흘려 침투시킨다. 그 후 아크릴의 변형이 시작되는 온도인 82℃ 직전까지 가열해서 중합이라

---

[*] 아크릴 그림 도구는 아크릴 수지를 고착제로 사용한 것이다. 대부분 수용성이어서 빠르게 건조하고 건조한 후에는 내수성이 된다.

> 유리는 두껍게 하면 녹색을 띠지만, 아크릴은 두껍게 해도 투명함을 유지한다.
> 비교적 저온에서 가공할 수 있는 특징도 있다.

는 화학반응을 일으키게 한다. 고분자 화합물을 구성하는 단위 성분을 단량체(모노머)라고 하며, 이것이 반복적으로 결합해서 생긴 고분자 화합물을 중합체라고 한다. 단량체에서 중합체가 생기는 반응이 '중합'이다.

　제대로 중합이 수행되면 2매의 아크릴끼리 분자 레벨로 결합해서 일체화한다. 이것을 몇 매나 겹쳐 수행함으로써 두께 60cm나 되는 수조 패널이 완성되는 것이다.

## ● 합성 고분자의 종류

| 고분자 화합물 | 유기 고분자 화합물 | 무기 고분자 화합물 |
|---|---|---|
| 천연 | 전분, 셀룰로오스, 단백질, 천연고무, 천연수지(호박 등)<br>[반합성섬유 : 니트로셀룰로오스] | 이산화규소(수정, 석영), 아스베스토, 운모, 장석, 불소유리(비정질 고체) |
| 합성 | [합성섬유]<br>나일로, 폴리에스테르, 아크릴 섬유<br>[합성수지]<br>아크릴 수지, 폴리스티렌, 폴리에틸렌, 폴리염화비닐 등<br>[합성고무]<br>폴리부타디엔, 폴리이소프렌, 폴리클로로프렌 | 제올라이트, 실리콘 수지 |

매끄거가 부묫힌드 이상뮈, 왜 수족관은 거대 수조는 맑지지 않을까?

## 31 창에서 경치가 깨끗하게 보인다! 왜 판유리는 투명한 걸까?

창유리 등에 사용되는 판유리는 왜 투명할까? 생각해보면 수수께끼다.

원래 물질은 모두 원자로 이루어져 있지만, 고체가 아니라 녹아서 액체 상태일 때는 원자의 늘어서는 방법은 제각각이다. 그것이 식어서 굳으면 원자가 규칙적으로 늘어서 결정을 만든다. 하지만 그러한 물질만은 아니다. 물질에는 식어서 굳었을 때도 원자의 늘어서는 방법이 제각각인 것이 있다. 가령 규소와 붕소의 산화물, 산화물염이 그렇다. 이렇게 결정을 만들지 않고 굳힌 것이 유리이다.

바깥에서 창으로 빛이 넘어 들어오면 그 빛을 잡아서 차단하는 것은 철 등의 빛이 통과하지 않는 물질이다. 깨끗하게 규칙적으로 원자가 늘어서 결정을 만들고 그것을 유지하고자 하는 힘의 장(field of force)이 강해 빛이 통과해 빠져나갈 수 없는 것이다. 이것을 양자 화학적으로 말하면 전자가 에너지 준위의 아래쪽에 있어 빛을 받아들여 여기(勵起)해서 놓아주지 않아 통과하지 않기 때문이라는 설명이 가능하다. 여기란 원자와 분자가 바깥에서 에너지를 받음으로써 비로소 높은 에너지를 가진 정상 상태(여기 상태)로 이동하는 것을 말한다.

한편 빛을 차단하지 않고 통과시키는 유리는 원자가 결정을 만들지 않기 때문에 바깥에서 들어온 빛을 차단하지 않고 그대로 통과시킨다. 그래서 빛이 그대로 빠져나가 투명하게 보이는 것이다.

덧붙이면 인류가 유리를 발견한 것은 지금으로부터 약 5000년 전, 메

> 판유리는 주석 등의 융점이 낮은 금속이 녹아서 정체되어 있는 두꺼운 풀장에 녹인 유리를 흘려보내서 만든다.

소포타미아 호수의 모래사장에서 분화*를 하던 사람의 이야기가 있다. 또 2000년 정도 전에 분유리 기법의 발명에 의해서 유리를 보다 쉽게 많이 생산할 수 있게 되면서 실용화됐다.

하지만 현재와 같이 완전하게 편평한 판유리를 만들 수 있게 된 것은 의외로 최근의 일로, 20세기 중반의 일이다.

**67**

## ● 판유리가 만들어지기까지

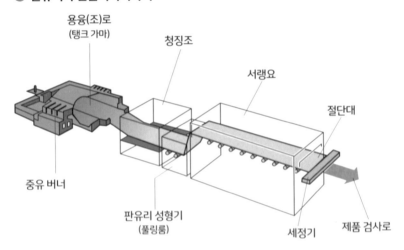

용융(조)로
(탱크 가마)

청징조

서랭요

절단대

중유 버너

판유리 성형기
(플링룸)

세정기

제품 검사로

---

\* 분화(焚火)를 하자 불과 같은 것이 흘러 나와 불이 꺼진 후에도 남았다. 호수에 포함되는 탄산 나트륨과 모래에 포함되는 규사가 불의 열로 녹은 것이다.

## 32 세탁용 유연제에도!
# 왜 방향제는 향기가 나는 걸까?

방향제와 소취제가 하나로 된 것이 있지만 방향은 소취제에 의해서 지워지지 않고 제대로 향이 난다. 이상한 일이다.

소취제의 측에서 그 원리를 살펴보자. 방향을 공기 중에 대량으로 뿌려서 향을 속이는 소취제가 아니라 공기 중의 악취 분자 자체를 줄이는 타입의 소취제에는 2종류의 소취법이 있다.

하나는 활성탄과 제올라이트라는 광물과 작은 구멍이 다수 뚫린 물질에 악취 분자를 붙이는 방법이다. 냉장고에 들어 있는 탈취제는 이쪽의 흡착 타입이다.

이때 어째서 방향을 내는 방향 분자까지 흡착해 버리지 않는지가 포인트이다. 그를 위해 이용되고 있는 것이 분자가 가진 성질의 차이이다. 악취 분자에는 질소 원자와 유황 원자를 가진 분자가 많고 그들의 분자는 활성탄 등에 달라붙기 쉽다.

한편 방향 분자에는 귤껍질에 포함되는 리모넨과 숲의 수목이 내는 테르펜 등의 석유 성분과 비슷한 탄화수소계 분자가 많다. 이들은 활성탄 등에 흡착하기 어렵다.

두 번째는 화학반응에 의해서 악취 분자를 공기 중으로 되돌려보내지 않는 방법이다. 무엇과 반응시키는가는 다양하지만 산·알칼리의 중화, 금속이온과 유황화합물의 반응, 산화환원반응 등이 있다.

예를 들면 화장실의 악취를 만드는 분자에는 유화수소와 메르캅탄류 등 유황 원자를 가진 물질이 많다. 이러한 분자는 동과 철, 아연 등의 이온과 반

> 악취는 부패 냄새 등의 위험*을 알리는 향인 반면,
> 방향은 기분이 좋아지는 향이다.

응하면 안정된 유화물이 된다. 또한 염소계 물질에 닿으면 산화해서 악취가 없는 물질로 바뀌기도 한다. 소취제는 이러한 반응을 이용해서 만들어지고 있다.

한편 방향을 내는 리모넨과 테르펜류 등의 분자는 이러한 화학반응을 거의 하지 않는다. 따라서 방향을 지우지 않고 악취만 제거되어 좋은 향이 감도는 것이다.

## ● 소취제의 원리

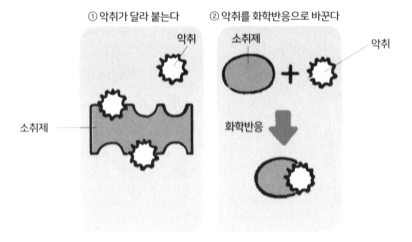

① 악취가 달라 붙는다

악취

소취제

② 악취를 화학반응으로 바꾼다

소취제

악취

화학반응

---

* 공룡으로부터 도망가기 위해 야행성이 된 포유류의 선조는 시각 대신 후각이 발달했다.

## 33 차가워서 맛있겠다! 왜 컵에는 물방울이 생기는 걸까?

얼음이 든 물 컵을 그대로 두면 물방울이 생긴다. 이것은 컵 주변에서 격렬하게 움직이며 돌아다니던 수증기(기체)가 차가운 컵의 외벽 면에서 차가워져 응결*하여 액체인 물이 된 것이다. 유리컵은 언뜻 매끄러워 보이지만 표면에는 미세한 요철이 있다. 이 요철이 수증기가 액화하는 데 적합한 장소다.

얼음이 든 컵을 주의 깊게 보면 컵에 물방울이 생기는 순간을 관찰할 수 있다. 시작은 컵의 주위에서 '활활' 공기가 흔들리는 현상이다. 이것은 공기의 온도가 낮아져 굴절률이 변화했기 때문에 생기는 흔들림이다. 다음으로 빛이 들어가는 방향을 향해 앉아 공기의 흔들림을 살펴보자. 수증기가 컵의 벽면에서 물방울이 되는 것이 보일 것이다.

공기

덧붙이면 고온의 목욕탕에서 차가운 거울이 흐려지는 것도 이와 같은 현상이다.

차가운 음료가 컵의 온도를 낮추고,
차가워진 컵이 주위 공기의 온도를 낮춘다.
공기 중의 수증기가 물방울이 되어 컵에 달라붙는다.

---

\* 구름도 같은 응결에 의해 생긴다. 구름의 발생은 대기 중의 수증기가 부유하는 미세한 먼지와
  이온 등을 중심으로 응결하여 물방울을 만드는 것에서 시작한다.

# 제4장

## 가전과 기술의 원리를
## 알 수 있다!

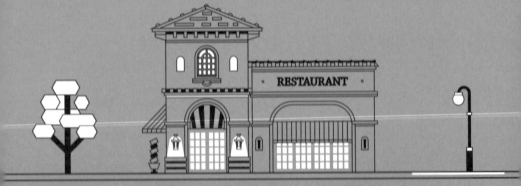

# 34 자택에서도 3D를 즐길 수 있는 시대! 왜 3D는 튀어나와 보이는가?

인간의 눈이 영상을 입체적으로 포착할 수 있는 것은 좌우 눈 사이에 '시차(視差)'라는 차이가 있기 때문이다. 좌우 눈의 중심에 집게손가락을 올리고 한쪽 눈씩 감으면 손가락의 위치가 바뀐다. 이것을 양안시차라고 하고, 이렇게 생긴 차이에서 인간의 뇌는 안길이와 입체감을 판독하고 있다.

3D 영상은 양안시차를 이용함으로써 본래는 평면인 스크린의 영상이 입체적으로 보이는 구조로 되어 있다. 이때 빼놓을 수 없는 것이 3D 안경이다. 3D 안경에는 좌우에 다른 필름이 부착되어 있으며, 각각의 눈에 시차가 있는 영상을 보냄으로써 입체화한 영상을 볼 수 있다. 방식으로는 현재 컬러 필터 방식, 편광 방식, 셔터 방식이 많이 이용되고 있다.

컬러 필터 방식은 눈에 보이는 빛의 파장 폭을 6밴드로 나눈 적(R), 녹(G), 청(B)을 각각 2분할하고 좌우의 눈에 영상을 할당해서 표시하는 방식이다. 안경의 렌즈에 부착된 컬러 필터로 구별하게 되어 있다. 일반적으로 이미지되는 예로부터 적과 청의 안경은 이 방식의 원시 타입이라고 할 수 있다.

편광 방식은 다양한 방향으로 진동하는 빛의 파 중에서 정해진 방향으로만 진동하는 빛만 통과시키는 필터를 사용한 방식이다. 필터는 특정 각도를 향해서 나아가는 빛만 통과하는 직선편광*과 정해진 회전 방향을 향해서 나

---

*  낚시 등에서 사용되는 편광 유리는 일정 방향의 빛밖에 통과하지 않는 직선 편광 방식으로 난반사해서 빛나는 수면이 바닥까지 내다보이는 등의 효과가 있다.

선상으로 나아가는 빛만 통과시키는 원평광 2종류로 대별되어 있다.

서터 방식은 3D 안경에 액정 셔터가 매립되어 있으며 영화의 화면을 좌우 교대로 전환해서 비춤으로써 오른쪽 눈에는 오른쪽 눈용의 영상, 왼쪽 눈에는 왼쪽 눈용의 영상이 송신되는 구조로 되어 있다.

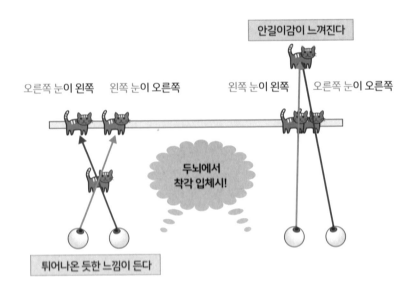

안길이감이 느껴진다

오른쪽 눈이 왼쪽    왼쪽 눈이 오른쪽        왼쪽 눈이 왼쪽    오른쪽 눈이 오른쪽

두뇌에서
착각 입체시!

튀어나온 듯한 느낌이 든다

# 35 필름에 디지털카메라, 종류는 다양!
## 사진은 어떻게 찍히는 걸까?

필름 카메라의 경우는 물질이 빛을 흡수해서 변화하는 광화학 반응을 이용하고 있다. 필름은 브롬화은(취화은)의 미립자를 젤라틴을 녹인 액에 분산시켜서 유액을 만들고 플라스틱 막에 칠한 것이다. 렌즈를 통해 들어오는 빛에 닿아 감광시키고 환원제를 사용하여 검은 화상으로 한다. 환원은 반응을 멈추지 않으면 전체가 검어진다. 적당한 부분에서 초산 풀장에 넣어 반응을 멈추면 남아 있는 브롬화은을 티오황산나트륨 수용액과 반응시켜 제거하고 화상을 현상시킨다. 현상한 필름을 화학반응으로 인화지에 프린트한다.

디지털카메라의 경우는 필름이 아니라 CCD[*]라는 이미지 센서로 빛을 느끼고 그 위에 상을 맺는다. CCD 반도체는 소자라는 작은 단위가 모여 있고 각각 적, 녹, 청 3색으로 한 조를 이루고 있다. 소자에 빛을 대면 빛의 색과 명암에 따라 전하로 변환해서 축적한다. 축적된 전하는 일제히 수직 CCD 레지스터에 버킷 릴레이(bucket relay)된다. 이것을 수평 CCD 레지스터에 버킷 릴레이하면 전하는 전압으로 변환되어 증폭된다.

CMOS[**]에서는 축적한 전하를 화소별로 전압으로 변환하여 증폭한다. 이

---

[*]  Charge Coupled Device의 약자로, 전하 결합 소자이다. 1969년 미국 벨연구소의 윌러드 보일(Willard S. Boyle)과 조지 스미스(George E. Smith)에 의해 발명됐다.

[**]  일본의 전기(電機) 제조사는 '필름을 넘다'에서 '사람의 눈을 넘다'로 목표를 바꾸어 CMOS를 사용한 카메라를 개발하고 있다.

CMOS라는 이미지 센서는 소비 전력이 적고 저렴하기 때문에 일단,
기술적 난제가 극복되자 휴대전화의 카메라 등 폭넓은 용도로 사용되고 있다.

것을 화소 선택 스위치의 ON/OFF로 1행별로 수직 신호기에 버킷 릴레이
하고 화소간에 편차가 있는 노이즈를 제거하면서 일시적으로 보관한다. 보
관한 전압은 열 선택 스위치의 ON/OFF에 의해 수평 신호기로 보내는 조작
을 수행한다.

　5억 4300만 년 전, 생명 최초의 눈이 캄브리아 대폭발을 일으켰다. 사람
의 눈에 이르러 매우 잘 진화한 카메라 눈이 됐다.

## ● CCD의 구조

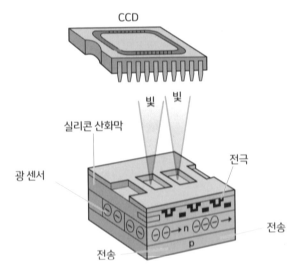

## 36 <u>액정과 플라즈마의 차이는?</u>
## 어떻게 TV가 보이는 걸까?

일찍이 대세였던 브라운관형 텔레비전 대신 현재는 액정 TV 혹은 플라즈마 TV가 널리 보급되고 있다. 영상이 비치는 구조는 각각 다르다.

액정 TV는 컬러 필터, 액정 패널[*], 백라이트로 성립되어 있다. 액정 패널은 디스플레이의 메인이 되는 부분으로 2매의 유리 사이에 액정을 봉입하고, 유리 기판의 바깥쪽에 편광 필터를 규제하는 빛의 방향이 액정 분자의 나열과 같은 방향이 되도록 점착한다. 여기에 전압을 가해 액정의 방향을 변화시키는 구조이다. 창의 블라인드를 개폐하는 것처럼 백라이트의 빛을 통과시키거나 차단하는 식으로 빛의 투과 방향을 바꾸어서 조절하여 영상을 만들어내고 있다. 또한 액정 자체는 발광하지 않기 때문에 백라이트를 광원으로 하여 컬러 필터를 통해 색을 표시하는 구조로 되어 있다.

플라즈마 TV는 액정 TV보다 심플하여, 간단하게 말하면 형광등과 같은 구조이다. 빛의 3원색이라 불리는 RGB(적녹청)를 발색하는 작은 형광등의 집합체라고 생각하면 이해하기 쉽다. 발광체는 도트와 같은 작은 단락에 하나하나 칠해져 있고, 이것이 전극이 붙은 유리면을 구성하고 있다. 즉 발광체를 늘리면 늘릴수록 디스플레이는 커진다.

도포된 발광체에는 아주 작은 틈새가 있어 크세논 가스와 네온 가스가 봉

---

[*] 액정이란 유동성이 있는 액체와 고체의 성질을 겸비한 물질을 말하며, 전압에 의해서 분자의 배열을 바꾸는 성질을 갖고 있다.

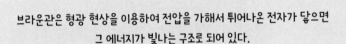

입되어 있다. 이곳에 전압을 가하면 플라즈마 방전이 일어나고 자외선이 발생한다. 이로써 발광체가 자극받아 영상을 만들어낸다.

　플라즈마 TV는 백라이트를 광원으로 하는 액정 TV와 달리 방전에 의해 발광체가 발광하기 때문에 화면이 입체감 있고 선명하다. 또한 대형에 시야각이 넓기 때문에 옆에서도 깨끗한 영상을 볼 수 있다.

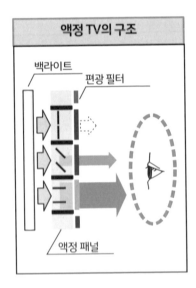

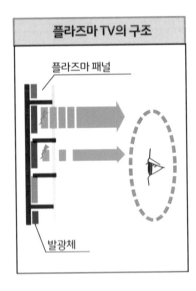

## 37 TV도 DVD도 한 대로!
# 왜 리모컨은 원격 조작 가능한 걸까?

지금은 TV나 에어컨뿐 아니라 방의 조명도 떨어진 거리에서 조작할 수 있는 시대이다. 이를 위해 필요한 것이 바로 리모트 컨트롤러, 줄여서 리모컨이다.

리모컨의 스위치를 누르면 TV 등 목적하는 기기에 내장되어 있는 리모컨 수신부에 명령 암호가 날아간다. 이것은 눈에는 보이지 않는 적외선을 이용한 것이다. 적외선이라고 하면 빨갛게 발광하는 전기히터가 퍼뜩 떠오르겠지만, 이것은 원적외선이며 리모컨에 사용되는 것은 근적외선이라고 하는 짧은 파장의 전자파이다.

리모컨에는 적외선을 발사하기 위한 발광 다이오드라는 소자와 암호를 송신하는 IC 회로가 내장되어 있다. 또한 리모컨 코드라 불리는 암호는 송신 측 리모컨 하나하나의 버튼에 설정되어 있다. 수신 측에서는 어느 버튼의 코드를 어느 기능에 할당할지를 사전에 파악하고 그 코드 데이터를 메모리에 기억시켜 둔다.

버튼을 누르면 적외선에 실린 암호가 송신되고, 이것을 목적하는 기기의 포토다이오드<sup>*</sup>라는 소자로 수신하여 암호를 해독해서 전원을 넣거나 끄고 채널을 바꾸거나 온도를 높이거나 낮추는 등의 지시에 따르는 구조로 되어 있다.

---

\* 포토다이오드는 발광 다이오드와 반대로 적외선을 수취하고 전기를 발생한다.
다이오드란 2단자의 소자를 말하며 지금은 반도체에 사용되고 있다.

리모컨은 파장이 짧은 근적외선을 사용해서 발광 다이오드와 포토다이오드로
명령 전달을 수행하고 있다.

리모컨은 1대의 가전 제품당 하나이다. 각각의 리모컨이 다른 가전을 조작할 수 없는 이유는 기기에 따라 적외선의 신호(암호)가 다르기 때문이다.

각 제조사의 코드 번호는 일반재단법인가전제품협회에서 결정한다. 또 제품의 암호 중복을 방지하기 위해 각 제조사에서 상호 관리하고 있으므로 동시에 복수의 리모컨 스위치를 눌러 적외선이 날아다니더라도 오작동에 의해 실내가 혼란스러워질 일은 없다.

**79**

## ● 원격 조작의 구조

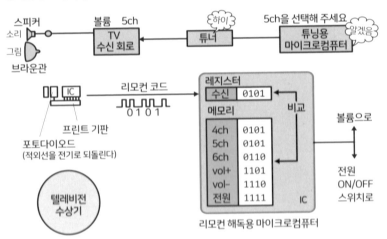

# 38 연중 쾌적!
# 왜 에어컨은 냉방도 난방도 가능한 걸까?

　　냉방이든 난방이든 에어컨은 액체가 증발할 때 주위로부터 대량의 열에너지를 빼앗아 차갑게 하는 성질을 이용하고 있다.

　　액체는 바깥에서 열에너지가 가해지면 느슨하게 연결되어 있던 분자들이 격하게 운동을 시작해 분열해서 자유롭게 돌아다니는 기체로 변화한다. 이때 사용되는 열에너지를 기화열(증발열)이라고 부른다. 예를 들면 주사(注射)할 때 소독액을 묻힌 부분이 차가워진다. 이것은 알코올이 기화할 때 소독액이 닿은 피부 부위의 열량을 빼앗기 때문이다.

　　이 열의 순환을 효율적으로 처리하는 액체를 냉매라고 부르며 주로 프레온가스가 이용된다. 빼앗긴 열은 사라지는 것이 아니라 이동한다. 이 열의 이동을 담당하는 것도 냉매 가스이다. 에어컨은 냉매 가스가 열을 운반하기 위한 통로 기기이다.

　　기체는 압축해서 차갑게 하면 액체가 되기 쉬운 성질을 갖고 있다. 따라서 우선 압축기에 의해서 냉매 가스를 고온·고압의 상태로 한다. 그 후 냉각하여 열에너지를 방출시켜 액체로 한다. 이 액체는 저압 장치에서 다시 저온·저압이 되고 증발 시에 다량의 기화열을 흡수한다. 냉매는 에어컨 내에서 기체로부터 액체로의 변화를 반복하고 발생한 냉기와 난기는 장착된 팬에 의해서 실내로 송출된다.

　　냉방과 난방은 냉매 가스의 순환 흐름을 반전시킴으로써 전환 가능하다. 냉방의 경우는 실내의 공기로부터 열을 퍼 올려서 실외기로 방출하고, 난방의 경우는 그 반대로 바깥의 열을 흡수해서 실내로 송입한다.

> 에어컨은 냉장고와 같은 구조로 난방 시에는 냉매의 흐름이 역방향이 된다.

최근 인버터*라 불리는 시스템 덕분에 압축기의 모터 회전수를 자유자재로 제어할 수 있게 됐다. 에어컨은 보다 고도의 능력과 온도 조절이 가능한 연중 사용할 수 있는 공조 기기로 진화한 것이다.

## ● 냉난방 사이클

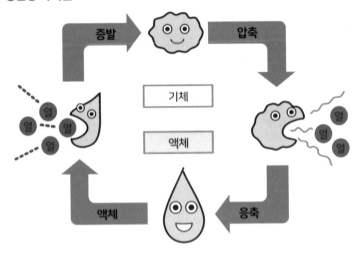

* 인버터는 직류 전력을 교류 전력으로 바꾸어 전기의 주파수를 조절한다.

## 39 여름의 식탁의 필수품!
# 왜 냉장고는 차가워지는가?

냉장고는 에어컨과 마찬가지로 액체에서 기체로 순환을 반복함으로써 반영구적으로 계속 차가운 상태를 유지할 수 있다. 우선 냉장고의 압축기를 기동시켜 냉매 가스를 압축한다. 이때 냉매 가스는 약 80℃의 열을 갖는다. 냉장고의 뒤쪽에는 콘덴서라 불리는 방열기가 설치되어 있으며 냉매 가스는 이곳을 통과해서 공기에 의해 약 40℃까지 차가워지고 그 후 응축되어 액체로 변화한다.

액체가 된 냉매는 캐필러리 튜브라는 매우 가는 관을 통해 한층 더 차가워지고 관벽에서 저항을 받음으로써 압력이 내려간다. 그 후 냉장고 내부에 있는 증발기로 진행한다. 압력이 내려가 기화하기 쉬워진 냉매는 증발기에 도달하면 급격하게 팽창하여 기체가 되고 대량의 열에너지를 빼앗아 냉장고 안의 온도를 낮춘다.

이처럼 냉매 가스의 압축과 응축, 증발을 반복하여 수행함으로써 냉장고 내부는 매우 차가운 상태가 유지되고 있는 것이다.

냉매 가스는 일찍이 프레온가스가 주류였다. 프레온은 인공적으로 화학합성한 물질로 액체화하기 쉬우며 인체에 영향을 미치는 독성이 낮은 등의 이점이 있었다.

그러나 프레온에 의한 오존층의 파괴가 인지된 이후 파괴력이 큰 '특정 프레온 가스'를 사용한 냉장고의 생산은 전면 중단됐다. 비교적 파괴력이 적은 것으로 여겨지는 대체 프레온이 사용되게 됐지만, 지구온난화를 촉진하는 요인이 되어 회수와 처리에 과제를 남겼다.

> 냉장고는 액체가 증발해서 기체로 될 때, 주위의 열을 빼앗는 성질을
> 냉매를 사용해서 인공적으로 만들어내는 것이다.

현재는 냉매에 이소부탄을 사용한 논프레온 냉장고가 보급되고 있다. 이 것은 오존층을 파괴하지 않고 지구온난화계수*에 관해서도 이산화탄소와 거의 같은 성질을 갖고 있기 때문에 대체 프레온보다 지구 환경에 친화적인 사양이다.

**방열기(콘덴서)**
냉매를 약 40℃까지 차갑게 한다.
냉매는 이후 액체로 변한다.

**캐필러리 튜브**
매우 가는 관으로 이곳을 통과한 냉매를
더욱 차갑게 한다.

**증발기(에바포레이터)**
여기서 냉매를 증발하여 주위의 공기로부터
기화열을 빼앗는다.

**압축기(컴프레서)**
여기서 냉매를 짜낸다. 짜내진 냉매는
약 80℃의 열을 가진 기체가 된다.

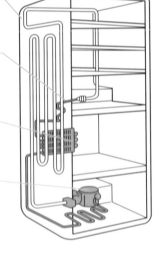

___

\* CO₂를 기준으로 온실효과가스를 얼마나 온난화하는 능력이 있는지를 나타낸다.

## 40 불을 사용하지 않고 조리가 가능! 왜 전자레인지로 가열할 수 있는 걸까?

전자레인지는 마이크로파라고 불리는 전파를 사용해서 식품을 가열한다. 마이크로파를 발생시키는 장치인 자력을 가진 2극 진공관의 마그네트론이 설치되어 있다.

그 음극에서 나오는 전자에는 자계가 더해지고 양극에는 닿지 않고 음극 주위를 회전하면서 진동한다. 이 진동을 양극에서(으로) 공진시켜 마이크로파를 발생시킨다. 발생한 마이크로파는 레인지 내에 놓인 식품에 닿을 수 있도록 도파관에 의해 유도된다.

대다수의 음식물에는 수분이 함유되어 있지만, 마이크로파는 물 분자를 데우는 데 최적인 성질을 갖고 있다. 물 분자는 플러스*와 마이너스의 극을 가지며 마이크로파를 조사(照射)함으로써 분자가 진동하여 회전한다. 이 속도는 무려 1초간에 약 24억 회.

사람이 민첩하게 운동을 계속하면 체온이 올라가는 것과 마찬가지로 물 분자가 고속으로 진동하면 식품이 데워진다. 이런 가열 방법을 유도가열이라고 한다. 전자레인지는 물을 사용하지 않고 단시간에 조리가 가능하므로 열에 약한 비타민류와 수분 손실이 적다.

그러나 마이크로파에는 뭉침이 있다. 마이크로파는 레이저 광선처럼 직진으로 나아가는 성질이 있다. 또한 마이크로파를 발생시키는 마그네트론

---

* 물 분자 중 산소 원자는 전기 음성도(공유 전자대를 끌어당기는 척도)가 크고 아주 조금의 전하를 띤다. 수소 원자는 그것이 산소보다 작고, 아주 작은 플러스 전하를 띤다.

> 조리기구의 가열에는 직접 가열과 간접 가열이 있다. 전자레인지(전자조리기)는
> 직 가열을 하고 전기 오븐은 간접 가열을 한다.

은 1개소에 고정되어 있기 때문에 레인지 내에 조사되지 않은 범위가 생기고 만다. 전자레인지의 중심이 턴테이블과 같이 회전하는 구조로 되어 있는 것은 뭉침 현상을 방지하여 마이크로파를 전체에 도달시키도록 하기 위해서다.

또한 마이크로파는 인체에 유해한 성질을 갖고 있다. 전자레인지 안쪽에서 바깥으로 마이크로파가 새지 않도록 하기 위한 방법으로, 문은 마이크로파를 가두는 금속성 그물코 모양을 하고 있다. 그물코는 마이크로파의 파장보다 구멍이 작으므로 통과하지 못한다.

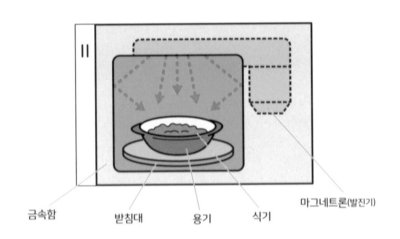

금속함      받침대      용기      식기      마그네트론(발진기)

마그네트론에서 나온 전파가 금속함 속에 있는 식기를 직접 가열하는 것이
전자레인지이다.

## 41 도쿄-오사카가 2시간 반! 왜 신칸센은 빠른 걸까?

1964년에 도카이도 신칸센이 영업을 시작한 이래 발전과 진화가 계속되는 신칸센. 현재 도호쿠 신칸센은 하야부사(매)의 320㎞가 최고 시속이다. 일반 재래선의 최고 속도가 130㎞인 점을 감안하면 어떻게 신칸센은 이 정도로 빠르게 달릴 수 있을까?

신칸센의 속도 비밀에는 몇 가지 포인트가 있다. 우선 첫째는 동력을 분산시키는 것이다. 일반 열차의 동력은 선두 부분에만 붙어 있고 선두 차량이 뒤 차량을 견인하면서 나아간다. 한편 신칸센은 선두뿐 아니라 객실의 일부에도 동력이 부착되어 있다. 복수의 차량에 동력이 있는 것이 당연히 속도를 내기 쉽다.

또한 신칸센은 차량 무게를 가볍게 하는 것에도 성공했다. 빨리 달리기 위해서는 축중(軸重)이라는 레일에 가해지는 무게를 가볍게 하는 것도 중요한 요소다. 개업 당시 15t이었던 축중은 알루미늄합금* 차량의 개발 등에 힘입어 현재는 11t이다.

또한 차량이 달리는 레일은 2개의 폭이 넓은 편이 차체가 안정적으로 주행할 수 있기 때문에 속도를 내기 쉽다.

일본에는 2종류의 궤간이 있고 재래선의 궤간이 1,067㎜인 반면, 신칸센의 궤간은 1,435㎜로 신칸센이 더 넓다.

---

* 알루미늄합금(Al)을 주성분으로 하는 합금. 순알루미늄은 가볍지만 부드러운 금속이기 때문에 구리나 망간 등과 합금해서 강도를 높인다.

JR히가시니혼(동일본)은 시속 360㎞ 실현을 목표로 연구에 매진하고 있다.

　그리고 직류형의 아름다운 앞모습을 한 신칸센의 독특한 형상도 일역을 담당하고 있다. 공기 저항은 속도에 비례해서 커진다. 이 저항을 작게 하고 속도를 원활하게 내기 위한 연구로 앞머리를 예리하게 한 것이다.

　시속 200㎞ 이상으로 주행하면 원심력도 당연히 크다. 커브에서 탈선하지 않기 위한 방법으로 2개의 대책이 반영되어 있다. 하나는 선로의 직선부를 많이 두고 곡선부를 가능한 적게 하는 것이고, 또 하나는 곡선부의 좌우 레일에 고저 차를 두는 것이다.

87

## ● 신칸센의 속도 이유

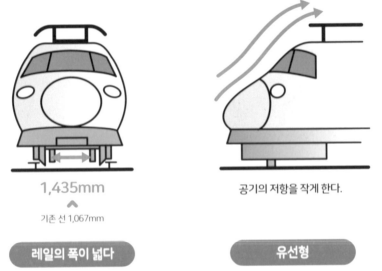

1,435mm
∧
기존 선 1,067mm

레일의 폭이 넓다

공기의 저항을 작게 한다.

유선형

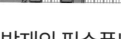

## 42 방재의 필수품!
# 전지는 어떻게 전기를 저장하는 걸까?

컴퓨터, 스마트폰, 디지털카메라, 시계 등 우리의 일상생활에 빼놓을 수 없는 전자제품의 대다수는 전지에 의해서 기동하고 있다. 전지 덕분에 콘센트에 연결하지 않아도 사용할 수 있고 집에서 떨어진 장소에도 휴대하고 걸어 다닐 수 있는 것이다.

전지는 크게 나누어 2종류가 있다. 하나는 태양광 발전과 같이 열이나 빛 등의 자연 에너지를 전기로 변환하는 것으로 물리 전지라고 부른다. 또 하나는 물질 간에 의한 화학반응을 이용한 화학 전지를 가리킨다. 화학 전지는 다시 건전지 등 일회용 1차 전지, 자동차의 배터리 등에 사용되는 충전형 전지, 발전 장치에 가까운 연료 전지 세 가지로 구별된다. 우리가 통상 전지라 부르는 것은 이 중에서 1차 전지와 충전형 전지를 말한다.

여기서 간단한 전지의 제작 방법을 소개한다. 레몬을 절반으로 잘라 전압 등을 측정하는 테스터에 연결한 50원짜리 동전과 10원짜리 동전을 꽂으면 테스터의 바늘이 움직인다. 전지는 2종류의 다른 금속과 전기 전도성을 가진 전해액*의 조합을 기본 구성으로 한다. 50원짜리 동전의 알루미늄은 음극, 10원짜리 동전의 구리는 양극이 되고 레몬즙이 전해액이다.

사용하는 금속은 하나는 전해액에 녹기 쉽고 또 하나는 전해액에 녹기 어려운 성질의 것이다. 앞서 말한 전지의 경우는 알루미늄(50원 동전)이 구리

---

* 전해액이란 이온이 녹는 수용액을 말한다.

리튬 이온 전지의 급속 충전, 고압 작동을 가능케 하는 새로운 전해액이 개발되어 고농도의 액체는 전해액에 적합하지 않다는 통설을 뒤엎었다.

(10원 동전)에 비해 전해액에 녹기 쉽다. 알루미늄의 원자가 전자를 방출하여 이온이 되고 전해액에 녹아든다. 전선을 대면 넘친 전자가 전선 안을 진행한다.

방전이 계속되면 녹기 쉬운 금속에서 점점 전자가 생겨나고 최종적으로 다 녹은 지점에서 반응이 사라진다. 1차 전지는 이 지점에서 역할을 끝내지만 2차 전지는 전류를 역방향으로 흘려 지금까지의 음극과 양극을 반전시켜 충전함으로써 원래의 상태로 돌아온다.

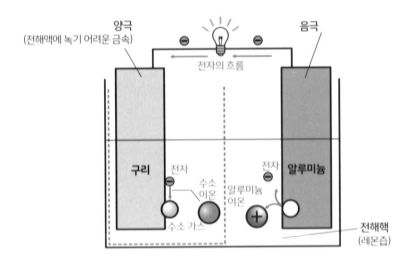

● 레몬 전지의 모식도

## 43 내비게이션은 어떻게 차의 위치를 특정할 수 있는가?

내비게이션은 원래 미국이 군사 목적으로 개발한 전지구 측위 시스템인 글로벌 포지셔닝 시스템(GPS)이라는 인공위성을 사용한 기술이다.

인공위성에는 원자시계가 탑재되어 있으며 매우 정확한 정보가 지상으로 송신되고 있다. 시계 정보가 도착하기까지의 시차에서 위성*과 내비게이션까지의 거리를 산출하여 차량의 위치를 특정할 수 있다.

그러나 이것만으로는 건물 등의 영향으로 오차가 생기는 등 불충분하기 때문에 이 데이터를 내비게이션의 지도에 매칭시켜 도로의 어딘가에 있는지를 파악할 수 있게 됐다.

### ● GPS를 이용해서 현재 위치를 확인하는 구조

위성이
송신하는 신호

수신 시
정보·송신 시각

정체 정보는
도로교통정보센터에 집약된 후
각 제조사로부터 보내진다.

자차의 위치

---

\* 최근에는 다른 설도 있지만 위성은 고속으로 지구 주위를 돌고 있으므로 시계는 상대론효과로 지연되는 한편 지구 중력의 영향이 약해지기 때문에 진행한다고 여겨진다. 내비게이션은 이러한 영향을 고려해서 보정하고 있다.

# 제 5 장

## 생물의 화학

# 주변 생물의 수수께끼를 파헤치다!

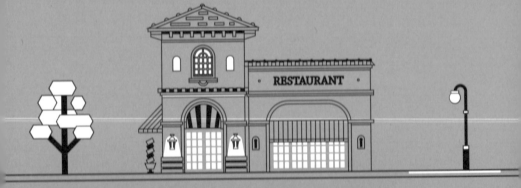

## 44 어째서 곤충은 어디에나 있는 걸까?

곤충에는 많은 종류가 있고 우리와 친숙한 장소는 물론 미개의 땅에 이르기까지 전 세계 어디에서나 생식하고 있다. 절지동물은 곤충류, 갑각류, 거미류, 지네류 등이 포함된다. 몸의 표면은 딱딱한 껍질로 둘러싸여 있고 이름 그대로 관절을 갖고 있는 것이 특징이다. 새우와 게 같은 해생 생물도 포함되어 있지만, 통상 곤충이라 부르는 것은 육생으로 분류되는 것이다.

절지동물은 130만 종 이상을 자랑하는 동물계에서 최대 규모를 이루는 분류군이다. 절지동물이 동물 종에 차지하는 비율은 무려 85%로 전 세계 동물의 4분의 3은 절지동물이라는 얘기가 된다. 이와 같은 압도적인 수치는 어떻게 해서 생겨난 것일까?

동물의 기원은 5억 년 정도 전, 태고의 바닷속으로 거슬러 올라간다. 동물이 바다로부터 육지로 진출하는 것이 매우 어려웠다. 이유는 육지에 올라갈 때 체내의 수분이 거의 증발해버려 물이 절대적으로 부족해지기 때문이다. 동물은 몸속에 60% 이상의 물이 있기에 살아가기 위해 필요한 화학반응이 성립된다. 체적이 작을수록 증발은 빨리 진행하고, 특히 건조한 날에는 곤충의 크기라면 1분도 지나지 않아 죽어버릴 것이다.

불리한 상황을 타개하기 위해 곤충류를 포함한 절지동물은 피부를 내수성으로 진화시켰다.

큐티클층(표피층)*이라 불리는 단백질을 위주로 한 딱딱하고 튼튼한 외골

---

* 일반적으로 동식물의 표면을 뒤덮고 있는 층이다. 식물에서는 큐틴 및 납으로 구성되지만, 식물의 증산 작용을 제어하는 기능은 절지동물의 외피와 비슷하다.

> 4~5억 년 정도 전 식물에 이어서 바다에서 육지로 올라간 것은 곤충이었다.
> 내수성 피부를 발명하여 곤충은 일찍이 지상의 패자(霸者)가 됐다.

격을 분비액으로 덮어 싸 곤란을 극복했다. 이 분비액의 정체는 납(蠟)으로 물을 튀기는 왁스의 역할을 한다.

내수성 피부를 갖고 있기 때문에 물속으로 다시 돌아갈 수도 있다. 곤충류 중에는 하늘을 나는 것도 많이 있다. 익룡과 같이 하늘을 날 수 있는 척추동물이 출현하기 전까지 5000만 년 정도의 사이는 유일하게 하늘에서 생활할 수 있는 동물이기도 했다.

진화에 의해 강화된 곤충은 육지 · 바다 · 하늘 어디에서든 살 수 있는 다양화를 이루어내 동물계에서 압도적인 번식력을 자랑하고 있다.

## ● 곤충의 표면도

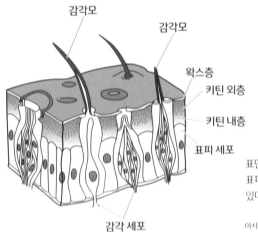

감각모

감각모

왁스층

키틴 외층

키틴 내층

표피 세포

감각 세포

표면이 얇은 왁스에 덮인 키틴층과 표피로, 여러 가지 감각기와 감각모가 있다(Bachsbaum에서 내용 수정).

이시카와 료스케 <곤충의 탄생> (중앙공론사)

## 45 눈이 온화해지는 치유의 색! 왜 식물은 녹색일까?

단풍의 계절과 특수한 색소를 가진 관엽 식물을 제외하면 어떤 종류의 식물이건 녹색이다. 그 정체는 클로로필이라는 녹색의 색소에 있다. 엽록소라고도 불리며 광합성에 필요한 성분이다. 광합성은 간단하게 말하면 빛을 에너지로 해서 물과 공기 중의 이산화탄소를 사용하여 산소를 만들어내는 것이다. 클로로필은 생명이 지구상에 탄생한 바로 직후 세포에서 진화해 태어났다. 이후 광합성을 하는 시아노박테리아라는 세균이 탄생한다.

시아노박테리아는 바닷속에서 크게 번식하여 대량의 산소를 대기 중으로 내보낸다. 그곳부터 다시 원시 홍조, 회색조, 원시 녹조 같은 새로운 해조가 태어난다. 해조류는 2차적, 3차적으로 세포를 다시 조성해서 바닷속에서 풍요롭게 성장하면서 광합성을 계속했다. 합성된 산소는 대기 중으로 방출되어 차근차근 상공에 축적됐다. 이렇게 해서 유전자인 DNA를 파괴하는 강력한 자외선에 노출되던 지상에 오존층*이라는 '우산'이 형성됐다. 해조류의 진화에 의해서 마침내 생물이 육지에 올라갈 준비를 마친 것이다.

갈색의 해조는 깊은 곳에 생식하고 녹색의 해조는 얕은 곳에 생식하는 성질을 갖는다. 얕은 곳 형태의 해조로부터 뿌리와 가지, 잎을 가진 상태로 진화를 계속하여 육상에 살 수 있는 조건을 충족한 녹조식물이 염수로부터 육

---

\* 자외선을 흡수한 산소($O_2$)는 오존($O_3$)으로 변화한다. 오존은 불안정하기 때문에 산소로 돌아가기 쉽지만, 성층권에서는 자외선이 내리쬐기 때문에 산소는 오존으로 한쪽 끝부터 회귀한다.

> 클로로필은 화학 구조가 동물 혈액의 색소 성분인 헴(heme)과 아주 비슷하다.
> 이것은 식물과 동물이 진화 초기에 공통의 선조에서 분기됐다는 것을 의미한다.

지로 진출했다. 즉 최초에 상륙한 식물의 색이 녹색이었기 때문에 그 자손이 되는 현존 육상 식물도 녹색인 것이다. 육상으로의 진출은 식물이 먼저였던 것을 알 수 있다. 식물을 주식으로 하던 동물들은 식물에 이끌리는 형태로 육지에 올라왔다.

또한 식물은 광합성을 할 때 태양의 빛 중에서 청색과 녹색 파장의 빛을 흡수함으로써 녹색이 남는다. 사용하지 않는 녹색 파장의 빛을 반사하여 투과하기 때문에 식물의 잎은 앞에서 봐도 뒤에서 봐도 녹색을 띤다.

태양 빛 중 적색과 청색 등의 빛이 흡수되고, 녹색 빛이 반사한다.

## 46 사계절에 다양한 꽃이 개화!
## 왜 꽃은 피는 걸까?

식물의 생장점은 원래 개체 유지의 영양 본위에 있었다. 생장점은 식물의 줄기와 뿌리의 끝에서 세포 분열이 왕성하게 일어나는 부분을 말한다.

식물에는 두 가지 생장점이 있다. 하나는 지구의 중력으로부터 해방되려고 하늘을 향해 뻗어 나가고, 또 하나는 지구 중심으로 잠수하듯이 중력을 향해서 내려간다. 중력에 거스르는 생장점이 남은 것이 줄기이며, 중력에 인장되어 생장점이 남겨진 것이 뿌리가 된다.

줄기가 자라는 과정에서 생장점은 새로운 기관을 형성하게 된다. 그것이 잎이다. 줄기와 뿌리는 일직선으로 뻗은 봉상이고 연속적(아날로그)으로 만들어지지만, 잎은 일정한 간격과 배열로 조금씩 조금씩(digital) 줄기 위에 만들어지고 뒤와 앞을 갖고 있으면 판상이다.

이처럼 줄기와 잎이 생장하면서 식물의 청년기가 방문한다. 청년기를 맞이한 식물의 잎에는 엽록체가 포함되고 왕성하게 광합성을 반복하여 스스로의 생장을 촉구할 뿐 아니라 우리에게 있어서 빼놓을 수 없는 산소와 탄수화물을 만들어낸다. 그러나 그 후 생장에 유한한 시간이 찾아온다. 그때까지 만들어져온 줄기와 잎과는 크기도 색도 변하여 성질 자체가 변화한다.

지금까지 개체를 유지하는 영양 본위였던 생장점은 종족의 유지를 위해 생식 본위로 전환한다. 이처럼 생장점이 변화해서 만들어내 남긴 줄기와 잎을 묶어서 꽃이라고 한다.

자유롭게 움직이며 돌아다닐 수 없는 식물은 생식 수단으로서 벌레를 불러들여 꿀을 제공하고 씨를 운반시킨다. 덕분에 꽃은 핀다.

꽃을 피우는 식물 호르몬* 플로리겐(화성 호르몬)의 존재는 1936년에 제기 됐지만 오랫동안 수수께끼로 남겨졌다. 21세기 들어 분자유전학적 해석에 의해 그 정체가 밝혀졌다. 바로 가지에서 형성되는 구상 단백질이다. 일주기 리듬(생체 리듬, circadian rhythm)과 광 정보 입력계가 낮의 길이를 인식하고 플로리겐을 줄기 꼭대기로 보내 꽃눈의 형성을 촉진한다.

**97**

## ● 식물의 극성(極性)

민들레의 뿌리를 잘라 화분에 심고 상하 위아래로 거꾸로 두어도 원래의 가지 쪽에서 싹이 나온다.

---

\* 식물 호르몬이란 식물의 체내에서 만들어지는 유기물로 극히 미량으로 생장과 다양한 생리작 용을 제어하는 물질이라고 정의한다.

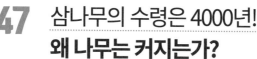

# 47 삼나무의 수령은 4000년! 왜 나무는 커지는가?

식물은 1차 생장과 2차 생장이 있다. 1차 생장이란 줄기와 뿌리의 끝부분에 있는 생장점이 세포 분열을 왕성하게 하는 곳이다. 세로로 뻗으면서 중력 방향의 길이를 늘려간다.

반면 세포의 수를 수평 방향으로 늘려 가지와 뿌리를 굵게 하려고 시도하는 것이 2차 생장이다. 세포를 증대·증식시키기 위한 원료로는 광합성에 의해서 잎에 만들어지는 포도당, 뿌리에서 끌어올린 물과 무기물을 사용한다. 포도당은 수피의 바깥쪽 부분을 전해져서 아래로 내려가고 물과 무기물은 안쪽 부분을 통로로 삼아 올라간다. 이런 위아래의 원료 운반 엘리베이터 사이에는 형성층이라 불리는 세포 분열이 왕성한 공장이 있다. 여기에서는 수평 방향으로 세포를 늘려 줄기의 세포를 제조하고 있다.

형성층에서 분열한 세포는 한쪽은 새로운 세포를 만들어내는 모세포가 된다. 그리고 다른 한쪽은 줄기의 바깥쪽 내지 안쪽에 송출되어 수피와 목부*의 세포가 된다. 여기서 포인트가 되는 것은 목부에 보내진 세포이다. 이들은 분열하지 않고 자신의 생장을 하는 것에만 그친다. 잠시 생장을 다한 후 마침내 한계를 맞아 세포의 죽음을 맞이한다.

사실 수목의 생장에는 이 세포의 죽음이 큰 요소가 된다. 수목의 세포는 죽을 때 몇 배나 되는 두께로 세포벽을 만들기 시작한다. 이것은 다른 식물에는 볼 수 없는 변화로 목질화라 불리는 작업이다. 목질화에 의해서 세포벽

---

\* 목질부라고도 하며, 유관속(관다발) 중 나무가 지나가는 도관이나 가도관이 모여 있는 부분이다.

> 나무와 풀의 차이는 풀이 1차 생장에서 그치는 반면,
> 나무는 세포의 수를 수평 방향으로 늘리는 2차 생장을 하는 점이다.

은 강해지고 줄기를 튼튼하게 한다. 그렇기에 수목은 몇백 년의 비바람을 견디며 살아남을 수 있다.

그중에는 예외도 있지만 통상 수목의 세포는 수명이 짧다. 생장의 과정에 죽음을 반영하고 짧은 사이클 안에서 세포벽은 두꺼워진다.

나무는 키가 커지면 빛의 쟁탈전에서도 유리해지고, 따라서 다시 더 굵어지고 오래 살 수 있다.

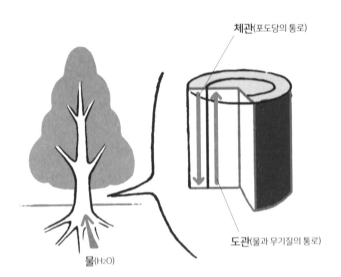

체관(포도당의 통로)

도관(물과 무기질의 통로)

물(H₂O)

## 48 여름의 풍물시! 왜 반딧불은 빛날까?

여름밤 강가를 빛내는 반딧불. 일본에는 약 40종 정도의 반딧불이 존재하지만, 사실 모든 반딧불이 빛을 내는 것은 아니다. 일본산에서 발광하는 것은 겐지반딧불(Luciola cruciata)과 애반딧불(헤이케반딧불 Luciola lateralis)을 대표로 한 10종 정도다. 다만 성충에 한해서이고 알이나 유충 상태라면 모든 반딧불의 종류가 빛난다.

빛의 종류에는 교미를 위한 신호, 자극에 의한 것, 위하(威嚇) 행동 세 가지가 있다. 밤에 빛을 내면서 비행하는 반딧불은 거의 수컷이고, 암컷은 초엽의 그늘에서 조용히 작은 빛을 발하는 것이 많다. 또 그중에는 다른 종류의 빛과 비슷하게 발광해서 유혹한 암컷을 포식하는 종류의 수컷도 있다.

반딧불의 발광기(器)는 엉덩이 가까이에 있다. 발광기에는 루시페린이라는 발광 물질과 발광을 촉구하는 루시페라아제*라는 발광 효소가 포함되어 있고, 두 가지 물질의 화학반응에 의해서 빛을 내는 구조로 되어 있다. 루시페린은 루시페라아제를 촉매로 삼아 산화해서 생긴 에너지가 빛이 되어 발광한다.

루시페라아제는 단백질로 구성되며 생물이 체내에서 생성되어 화학반응의 효율을 올리기 위한 물질이다. 루시페라아제의 기능에 의해 만들어진 에너지의 97%가 빛이 된다. 따라서 반딧불의 빛이 열을 띠는 일은 없다. 백열전구의 전기에너지에 의한 빛은 몇 %이고 나머지는 모두 열에너지가 되는

---

\* 발광 물질을 냉수로 추출한 것을 산소 중에서 발광시키고, 기질인 루시페린이 소모된 후에 남는 발광 효소이다.

> 반딧불 등의 생물 발광은 열을 거의 수반하지 않는 냉광이다.
> 이것은 발광 물질이 촉매에 의해서 산화되어 생기는 것이다.

것을 생각하면 얼마나 효율적인지 알 수 있을 것이다.

　이처럼 발광을 하는 생물은 반딧불만은 아니다. 심해에는 빛으로 새끼 물고기를 유도해서 포식하는 아귀와 해중을 흔들거리면서 선명한 빛을 내보내는 해파리류 등 다양한 발광 생물이 지구에는 존재한다.

## ● 반딧불이 빛나는 구조

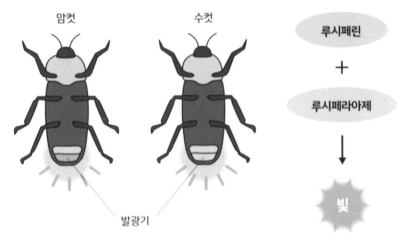

암컷　　　　수컷

루시페린

＋

루시페라아제

↓

빛

발광기

# 49 왜 닭은 알을 많이 낳는 걸까?

　　보통 생물의 알이라고 하면 생명의 탄생을 떠올리게 마련이다. 하지만 우리가 일상적으로 먹고 있는 알은 무정란이라고 불리며 자손 번영을 위해 태어난 것은 아니다. 슈퍼마켓에서 구입한 알을 아무리 따뜻하게 해도 유정란이 아니므로 병아리가 태어나지 않는다. 무정란은 인간으로 말하자면 배란과 같으며 닭의 배란 주기는 일(日) 주기이다. 수탉과 교배를 하지 않아도 암탉은 알을 낳는 것이다.

　　또한 닭의 산란 기관은 계속해서 알을 낳을 수 있도록 되어 있다. 출구에 가까운 곳에는 거의 완성형 알이 있고 그 앞에는 노른자와 흰자의 알, 또 그 앞에는 노른자의 알과 완성까지의 여정이 벨트컨베이어와 같이 늘어서 있다.

　　닭의 원종은 동남아시아의 열대우림에 생식한다. 녹색야계(자바야계)에 있다고 여겨진다. 보통 야생의 새는 사육할 수 있는 병아리 수만큼 알을 낳는다. 그런데 낳은 알을 뱀 등의 야생동물에 빼앗기면 그를 대신하는 알을 추가로 낳는다. 빼앗기는 횟수가 많아지면 많아질수록 알의 수는 늘어난다. 이것은 녹색야계에 국한된 것은 아니며 조류 전반이 갖고 있는 습성이다. 어느 순간 닭의 알이 맛있다고 알게 된 인간은 이 습성에 착안하여 알을 낳으면 곧바로 꺼내게 됐다.

　　그렇다고 해도 한계는 있다. 모체의 건강 상태가 나쁘면 계속 추가 알을 낳고 싶어도 낳을 수 없다. 그래서 인간은 외적에게 닭을 빼앗기지 않기 위해 지키고 영양가 높은 모이를 줘서 우량한 건강 상태를 유지할 수 있는 기

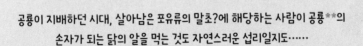

공룡이 지배하던 시대, 살아남은 포유류의 말초?에 해당하는 사람이 공룡\*\*의
손자가 되는 닭의 알을 먹는 것도 자연스러운 섭리일지도……

분 좋은 장소를 만들었다. 이렇게 해서 인간에게 사육되게 된 닭은 알을 낳
아 데우는 취소성(就巢性)\*이라는 성질을 잃었다. 따라서 품종 개량된 닭은
1년 내내 거의 매일 알을 낳게 되었다.

## ● 닭의 산란 기관

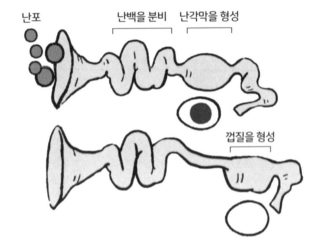

난포     난백을 분비    난각막을 형성

껍질을 형성

---

\* 알에서 부화한 후 일정 기간 병아리가 엄마 닭에게 길러져 새집 안에 머무는 습성

\*\* 원래 닭이 알을 낳는 것은 공룡의 생존법이므로 양서류의 알을 수중에 낳는 양생류와 달리 체
내 수정을 해 알은 딱딱한 껍질을 갖는다. 그래서 공룡이 속한 파충류는 지상의 패자가 될 수
있었다.

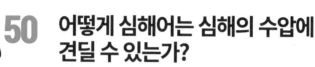

# 50 어떻게 심해어는 심해의 수압에 견딜 수 있는가?

해심이 깊을수록 수압은 높아진다. 수심 10m당 1기압 증가하기 때문에 수심 200m가 넘는 바다에서는 20기압(atm) 이상의 수압이 걸린다. 사람은 견딜 수 없는 환경이다.

그러나 이 수압에서도 생식하는 심해어*는 많은데 수심 1만 m를 넘는 장소에 잠든 강자도 있다. 어떻게 수압에 부서지지 않는 걸까?

보통 고기는 체내에 부레가 있고 그 안의 공기량을 조절함으로써 수중에서 뜨고 가라앉는 것을 조절한다. 그러나 심해어에는 부레가 존재하지 않는다. 체내에 공기가 없고 대부분이 수분이다. 물이 든 페트병이 물속에서 찌그러지지 않는 것과 같은 원리이다.

## ● 바다의 수심과 생물의 관계

사람의 세포는
수압이 4,000~5,000m가
되면 변형한다고 한다.

| 수심(m) | |
|---|---|
| 0 | |
| 200 | 거의 빛이 도달하지 않아 광합성이 불가능하다. |
| 1000 | 어업에서 고기를 잡을 수 있다. |
| 3000 | 향고래가 잠수할 수 있다. |
| 4000 | 인간의 세포가 수압으로 변형하기 시작한다. |
| 8300 | 고기의 존재가 확인된 최심부 |

* 심해어에 매오징어와 아귀 등의 친숙한 것부터 해삼류와 불가사리류의 동료도 있다.

# 51 어떻게 빙어는 얼음 아래에서도 얼지 않을까?

빙어 낚시는 꽝꽝 언 호수면에 드릴로 작은 구멍을 뚫고 낚싯대를 늘어뜨려 잡는다. 얼음 아래에서 빙어를 비롯한 작은 물고기들은 어떻게 얼지 않는 걸까? 0℃인 얼음은 수온이 4℃인 물보다도 밀도*가 작기 때문에 가벼워져 물에 뜰 수 있다. 얼음보다 밀도가 큰 물은 호수 아래에 가라앉기 때문에 호수면이 영하여도 동물들은 호수 바닥에 가라앉기만 하면 얼지 않고 무사히 생식할 수 있다.

핵심은 물 분자. 물 분자는 액체 중에서는 유동운동을 계속하고 있다. 그러나 온도가 내려가면 분자의 움직임은 둔해진다. 다시 영하로 내려가면 액체 상태에서의 운동력을 잃고 굳어버린다. 이것이 얼음이 된 상태이다.

맑은 날 언 호수면으로부터 수증기가 올라오는 것은 태양광에 의해서 물의 온도가 올라가기 때문이다.

얼음의 비중은 물보다 가벼우므로 물에 뜬다.

0℃

4℃

---

\* 4℃에서 물의 비중이 가장 무거워지는 것은 물 분자의 극성에 의한 수소 결합이 초래하는 집합체(클러스터)가 생기기 때문이다.

# 52 몸길이 30m 이상! 왜 공룡은 거대할까?

공룡의 몸집이 거대한 이유에는 여러 가지 설이 있지만 다양한 원인이 겹쳐져 있다.

우선 공룡이 파충류의 동료라는 점을 들 수 있다. 파충류는 포유류보다 면역력이 높고 장수한다. 몸의 굵기가 프로그래밍되어 있는 포유류나 조류와 달리 어류, 양생류, 파충류는 일생을 통해 성장하기 때문에 오래 살수록 몸이 커진다.

또한 거대해지면 체적에 비해 표면적의 비율이 줄어 체온이 높아진다. 따라서 체온을 유지하기 위해 에너지를 사용할 필요가 없어 남는 에너지를 성장에 돌릴 수 있다.

또한 육상 동물 체중의 물리적 한계는 140t이라고 한다. 최대급으로 큰 세이스모사우루스의 추정 체중은 약 42t이다. 이 점에서 공룡의 대형화에 생리적 제약은 없었던 것을 엿볼 수 있다. 대형화할 수 있는 환경이나 생태적인 제약 쪽이 더 중요했던 것이다.

공룡이 생존하던 시대는 대기 중 이산화탄소 농도는 현대의 10배 정도이다. 그렇다면 당연히 식물의 생장도 빨라진다. 이처럼 풍부한 식물 자원이 대형화를 가능케 했다고 할 수 있다.

식물은 생장의 빠르기에 반비례해서 잎 1매당 영양가가 낮아지는 경향이 있다. 즉 빠르게 생장한 식물을 주식으로 하는 경우는 보다 많은 양을 섭취할 필요가 있다는 점이다.

초식 공룡의 식사는 씹지 않고 대부분 통째로 삼키는 방법이다. 먹은 것

**초대륙의 탄생과 함께 태어난 공룡은 초대륙이 분열함에 따라 다양화됐다.**

이 위석*이나 박테리아에 의해서 위장에서 시간을 들여 소화된다. 대량의 식물섬유를 소화하는 데는 상당한 시간이 필요하고 또한 위장도 커야 한다.

위장의 성장에 의해서 몸집이 대형화하면 움직임이 제한되어 민첩하게 행동할 수 없다. 그렇게 되면 먼 거리에 있는 음식물에 닿을 수 있는 긴 목이 필요해진다. 또한 목과 균형을 잡기 위해 엉덩이꼬리가 길게 진화했다. 이처럼 환경에 맞추어 공룡의 대형화는 진행했을 것으로 추정된다.

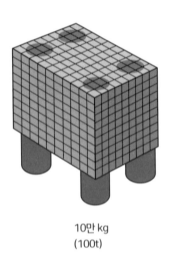

무거운 몸을 지탱하기 위해서는 다리(기둥)를 굵게 하지 않으면 안 되지만, 몸의 아래에 수납되는 다리(기둥)의 굵기에는 한계가 있다.
100t의 공룡은 사실상 존재하지 않는다(Benton, 1993에서).

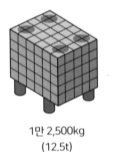

10만 kg
(100t)

1만 2,500kg
(12.5t)

100kg

* 초식 공룡의 위석은 음식물과 함께 빙글빙글 돌면서 음식물을 잘게 만든다. 각이 사라진 위석은 토해지고 다시 새로운 돌을 먹어서 사용했다.

# 53 왜 새는 전선에 앉아 있어도 감전되지 않는 걸까?

전선의 구리 도체 주위는 많은 절연물*로 싸여 있다. 그러나 새가 감전되지 않는 이유는 이뿐만은 아니다.

전기는 전압에 차이가 있어야 비로소 흐른다. 높은 전압에서 낮은 전압을 향해 물과 같이 흘러간다. 이것을 전위차라고 한다.

전위차는 1개소에서는 발생하지 않고 무엇인가와 무엇인가의 접촉이 있어야 전위차가 생긴다. 전선에 앉아 있는 새의 양 다리가 같은 전선 위에 놓이다 보니 전위차가 없기 때문에 전류가 흐르지 않는다.

만약 좌우 다리가 다른 전선에 앉아 있거나 다른 새와 접촉이 있는 경우는 전위차에 의해서 전류가 흘러 감전된다.

감전되지 않기 위해서는 전위차를 발생시키지 않는 것이 중요하다.

---

\* 절연물로 사용되는 가교 폴리에틸렌이란 철상 구조의 폴리에틸렌을 여기저기 결합시켜 가교하여 입체 망목 구조로 한 것이다. 여기서 폴리란 많다는 의미이며, 폴리네시아의 폴리도 마찬가지다.

# 제 6 장

지구와 우주의 화학

## 알면 알수록 재미있다!

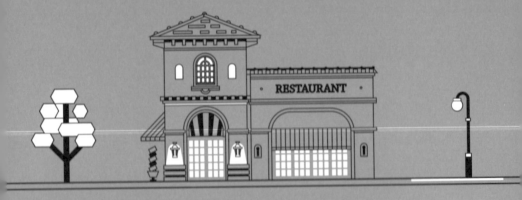

# 54 원시 지구는 불덩어리였다?! 어떻게 지구는 탄생한 것일까?

지구가 태양계에서 유닉한 것은 천체의 표면에 액체 상태의 물, 즉 바다가 돌출*된 형태로 존재하는 점이다. 물은 얼음의 형태로 태양계에 국한되지 않고 은하계에 널리 존재한다.

지금은 지구가 하나의 천체이지만 지구가 되기 전에는 무수한 작은 천체였다. 작은 천체들이 여러 차례 충돌을 반복해서 하나의 천체로 모이고 위치 에너지를 해방해서 뜨거워진다. 위치 에너지란 물체가 하나의 위치에 있음으로 해서 물체에 저장할 수 있는 에너지를 말한다.

막 생긴 지구의 지표에는 부글부글 끓어오르는 마그마가 있고 그 위에 가스화하기 쉬운 물질이 원시 대기로서 지구를 둘러싸고 있다. 막 태어난 불덩어리와 같은 지구는 점점 열을 우주 공간으로 발산하여 차가워진다. 불덩어리 상태에서 조금 차가워지자 마그마의 바다 표면에 얇은 껍질과 같은 지각이 생겼다. 원시 대기가 차가워지면 포함되는 수증기가 응결하고 비가 되어 지표에 쏟아진다. 연간 강수량 10m의 비가 천년이나 계속되어 바다가 탄생했다. 그리고 한동안 전체 면이 넓고 푸른 바다만 있는 상태가 이어진다. 그리고 해저의 열수 분출공에서 생명이 탄생했다는 설이 유력하지만 이설도 있다.

---

\* 목성의 위성 유로파의 표면은 얼음으로 덮여 있지만, 그 아래에는 액체인 바다가 숨어 있다. 토성의 위성 엔셀라두스도 마찬가지이다. 해저의 화산활동 등과 맞물려 미생물이 생겨나고 있을 가능성이 높다.

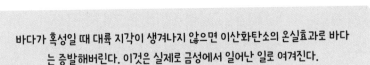

> 바다가 혹성일 때 대륙 지각이 생겨나지 않으면 이산화탄소의 온실효과로 바다
> 는 증발해버린다. 이것은 실제로 금성에서 일어난 일로 여겨진다.

이때 지구는 바다에서 물이 증발하여 대기 중으로 응결하고, 대기 중의 이산화탄소를 녹여 비가 되어 바다로 들어가는 과정을 반복했다.

그 사이에 대륙 지각이 생겨나고 바다 위에 우뚝 얼굴을 내비쳤다. 그리고 대기 중 이산화탄소의 양을 조절하는 순환 메커니즘이 생겼다. 바다가 안정적으로 존속할 수 있게 되어 지구 표면의 환경이 안정되자 바닷속에서 원시 생명이 태어난다.

그 후 잠시 지나 태양 에너지를 사용해서 자신에게 필요한 유기물을 만드는 광합성 반응이 생겨 생물권이라는 물질권이 생겨나고, 바다와 육지 그리고 생명 넘치는 지구가 지금 여기에 있다.

## ● 원시 지구의 형성 과정

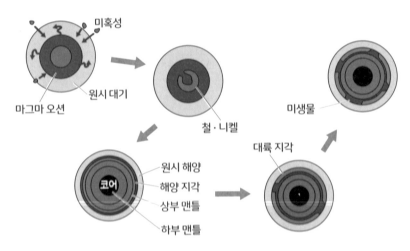

# 55 일본은 세계 유수의 화산국! 왜 화산은 분화하는가?

화산의 분화는 지하의 마그마가 지표로 분출해서 일어난다. 마그마란 규산을 많이 함유한, 끈적끈적 녹은 고온의 액체 부분과 그에 섞여 있는 소량의 결정 부분으로 구성된다.

원래 마그마는 지하 깊숙이 있는 맨틀의 암석이 녹아서 생긴다. 맨틀은 지구를 반숙란으로 생각하면 흰자 부분에 해당한다. 껍질은 우리가 생활하고 있는 지각으로, 노른자는 핵이다. 노른자의 핵에는 끈적끈적하게 녹은 금속인 철이 있고, 흰자인 맨틀은 감람암이라 불리는 암석으로 되어 있다. 감람암이 지하에서 녹아 생기는 것이 마그마다. 지구상에서는 마그마가 생겨나는 장소는 3개소밖에 없다. 해령(海嶺, oceanic ridge), 일본 해구 그리고 핫스폿이다.

해저에 있는 거대 산맥인 해령에서는 지하 깊숙이 있는 감람암이 지구 내부의 맨틀* 대류의 상승으로 가벼워져서 부상하고 좌우로 나뉘어 바다의 플레이트가 된다. 좌우로 나뉜 중앙부의 지하 수 km에서 10km 정도의 깊이에는 마그마 체류라 불리는 마그마 풀이 있다. 마그마는 이곳에서부터 올라가서 분화를 반복하여 화산대를 형성한다. 새로운 해령의 탄생이다.

해령에서 생긴 바다의 플레이트는 1억 년간 이동하지만 해수와 반응해서 생긴 수분을 함유한 광물이 많이 포함되어 있다. 또한 물을 많이 포함한 퇴

---

* 지구는 중심일수록 뜨겁고 그 열이 표면까지 운반된다. 그 에너지의 흐름이 대류 운동이다. 맨틀은 고체가 수억 년이라는 긴 타임스케일로 액체처럼 운동하고 있다.

> 하와이와 같은 핫스폿은 맨틀 프레임이라는 맨틀의 대규모 상승류가
> 지표에 드러난 곳이다.

적물이 대량으로 쌓여 있다. 육지의 플레이트와 만나고 가라앉을 때 물이 짜내져 상승한다. 감람암은 물이 더해지면 저온에서 녹기 때문에 마그마가 만들어지고 마그마 저류지에 저류된다.

　마그마는 어느 한계를 넘거나 압력을 받으면 상승한다. 상승함에 따라 압력이 줄고 물과 이산화탄소 등의 휘발성 성분이 분리되어 거품이 일고 가스가 된다. 물은 수증기가 되면 체적이 몇 백 배나 증가한다. 좁은 곳에 갇힌 마그마의 압력은 점점 커져서 화산 분화가 된다.

### ● 해령에서의 마그마 발생

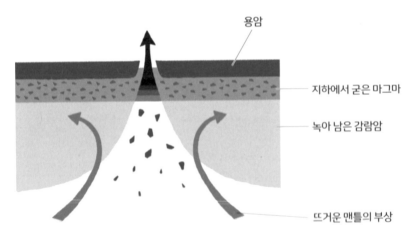

용암

지하에서 굳은 마그마

녹아 남은 감람암

뜨거운 맨틀의 부상

# 56 일본 열도는 활동기에 들었다! 왜 지진은 일어나는 걸까?

일본의 국토 면적은 세계의 0.3%에 미치지 않는데 세계에서 일어나는 지진의 10%는 일본에서 일어나고 있다. 지진은 크게 두 가지로 나뉜다.

**해구형 지진 :** 지구의 표면에 있는 플레이트(암판)의 이음매는 1매가 다른 1매의 아래에 잠식하는* 형태로 움직이고 있다. 플레이트끼리 움직여서 부딪히면 변형이 생기고 그것이 돌아가려고 플레이트가 튀어 올라 지진이 발생한다.

**활단층형 지진 :** 플레이트의 움직임에 의한 변형이 증가하고 지하의 암반에 있는 깨진 부분(활단층)이 어긋나 지진이 발생한다. 직하형 지진이라고도 한다.

일본은 복수의 플레이트가 집중한 세계에서도 드문 국가이기 때문에 지진이 많이 발생한다.

> 하와이 제도는 태평양 플레이트 위에
> 실려 있고 매년 조금씩
> 일본에 가까워지고 있다.

● **해구형 지진의 원리**

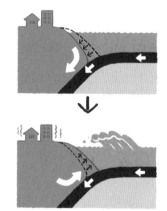

---

* 따라서 지진과 화산 폭발이 연동해서 일어나기 쉽다. 헤이안시대의 정관지진 등 후지산의 분화와 거대 지진의 연동은 과거에 수차례 보고됐다.

## 57 하늘을 달리는 아름다운 번개!
# 왜 번개는 들쭉날쭉 달리는가?

구름 속에서 위쪽으로는 플러스 전기가, 아래쪽에는 마이너스 전기가 머물러 있다. 마이너스 전기에 당겨져서 지표에 플러스 전기가 고이면 구름에서 지표를 향해서 방전*이 일어난다. 이것이 번개이다.

원래 공기 중에서는 전기가 지나가기 어렵다. 그런데 구름 중의 전기와 지표의 전기 전압차가 커지면 전기가 흐르게 된다. 그러나 공기 중으로는 지나가기 어렵기 때문에 전기는 가능한 한 통과하기 쉬운 루트를 찾으면서 나아간다. 따라서 번개는 들쭉날쭉 나아가는 것이다.

'우르릉' 하는 소리는 전기의 열로 공기가 급속하게 팽창하여 주위의 공기를 격렬하게 진동시키기 때문이다.

**구름 중에서 방전하면
구름이 빛나 보이는 일도 있다.**

---

\* 번개는 구름과 구름 사이에서도 일어난다. 블루제트라는 뇌운에서 위로 뻗고 길고 가는 형태를 한 파란 번개의 뇌도 있다.

# 58 염분 농도는 장소와 깊이에 따라 다르다!
## 왜 해수는 짠 걸까?

　　해수에는 식염(염화나트륨)을 비롯해 다양한 염류가 녹아 있다. 염이란 산과 염기의 중화반응에 의해서 생기는 화합물로 물과 함께 생성되는 일이 많다. 염류 중 염화나트륨을 식염이라고 하며, 소금이라고도 한다.

　　해수 1kg을 증발시키면 35g 정도의 염류가 남는다. 성분으로 구분하면 염화나트륨이 전체의 80% 가까이 차지하며 염화마그네슘 약 10%, 유산마그네슘 약 4%, 유산칼슘 약 4% 미만, 염화칼륨 약 3% 그리고 탄산칼슘이 약 1% 조금 안 되게 포함된다.

　　이들 염류는 육지의 다양한 암석 등의 광물이 공기에 노출되어 풍화한 것이다. 그것이 강물에 섞여 운반되어 바다로 흘러든 것이다. 염류 이외의 물질도 섞여서 바다로 운반되지만, 염류가 가장 함유량이 많은 것은 화학적으로 안정된 물질이기 때문이다.

　　염류는 해수에 녹아들면 오랜 시간 해수에 머문다. 따라서 강에서 흘러든 미량의 염분이 축적되어 짠물*이 되었다.

　　강물은 염분을 바다에 남기고 증발하여 다시 육지로 돌아가 염분을 나른다. 해수는 점점 짜고 매워지는데 약 35억 년 전에 생명이 탄생했을 때 이미 바다의 염분 농도는 현재와 같았다. 어째서인가 하면 포화 상태보다 옅은 농

---

＊ 최근 화제인 해양 심층수는 해수이며 짜고 맵다. 그대로는 마실 수 없기 때문에 역침투막을 사용해서 염분을 제거하는 처리를 한다.

남극 대륙에는 해수의 6배나 되는 염분을 함유한 부동호(얼지 않는 연못) 돈 주앙 못(Don Juan Pond)이 있다. 세계에서 가장 진한 것으로 알려져 있으며, 염분의 주성분은 염화칼슘이다.

도로 유지되고 있기 때문이다.

덧붙이면 이스라엘과 요르단 사이에 있는 사해는 사람이 아무것도 하지 않아도 떠 있을 수 있을 정도로 염분이 많다. 사해에는 일곱 가지 강이 흘러 들어 오지만, 정작 물이 나갈 곳은 없다. 또한 일조의 강도와 적은 비가 수분의 증발을 앞당겨 성분이 진해지는 것이다. 매일 물이 흘러들어도 증발이 어렵기 때문에 수면은 조금도 높아지지 않는다.

## ● 해수 중의 염류

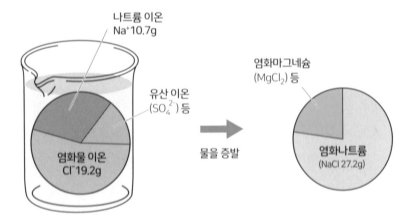

나트륨 이온
Na$^+$ 10.7g

유산 이온
(SO$_4^{2-}$) 등

염화물 이온
Cl$^-$ 19.2g

염화마그네슘
(MgCl$_2$) 등

물을 증발

염화나트륨
(NaCl 27.2g)

해수 1kg 중에 녹아 있는 염류(이온별)

남은 염류(35g 중)

# 59 지하는 마치 화학 공장?!
# 왜 석유는 지하에 있는 걸까?

석유가 지하에 묻혀 있는 이유에는 다양한 설이 있지만, 가장 유력한 것이 유기성인설(有機成因設)이다. 다시 세 가지 설로 나뉜 것 중에서 속성작용 후기성인설을 소개한다. 실제의 석유 탐광은 이 설에 기초해서 이루어지고 있다.

우선 생물이 죽으면 몸을 구성하고 있는 리그닌, 탄수화물, 단백질, 지질 등의 고분자 유기 화합물이 다양한 방법으로 운반되어 해저와 호저에 퇴적한다. 이것이 이대로 석유가 된다는 설도 있지만 속성작용 후기성인설은 다르다.

고분자 유기 화합물은 직접 석유가 되지 않고 미생물에 의해서 분해된다. 화합물이 물과 반응해서 일어나는 가수분해 등의 작용도 받아 당 · 아미노산 등의 모노머(폴리머의 구성 단위, 단량체)가 된다. 이들이 결합해서 새로운 화합물이 만들어지고 다시 다른 형태의 고분자 유기 화합물이 형성된다. 이것이 토양 중에 존재하는 후민, 후민산, 풀브산이다.

이들이 다시 결합해서 반응하여 탈아미노, 탈탄산을 거쳐 환원 등의 작용에 의해 보다 복잡한 구조의 고분자 화합물로 변화한다. 이렇게 해서 케로겐이라는 물질이 형성된다.

퇴적물의 매몰이 다시 진행해서 온도가 올라가면 케로겐은 열분해된다.

그 결과 물과 이산화탄소와 함께 케로겐에서 대량의 액상인 탄화수소가 급속히 발생한다. 그중의 고분자 탄화수소가 원유이다.

매설 탐도가 증가하면 더욱 열분해에 의해 습성 가스(액체가 0.002% 이상

제6장

118

지구와 우주의 화학 – 알면 알수록 재미있다!

포함되는 천연가스) 등이 생성된다. 다시 더 매몰이 진행하면 최종적으로 흑연과 메탄가스 등이 된다.

이렇게 보면 지하는 마치 화학 공장과 같다. 생물의 시체를 원재료로 해서 미생물에 의한 분해와 퇴적이라는 방대한 시간에 걸친 작용에 의해서 원유라는 제품을 만들어내고* 있다.

**119**

## ● 토양 중에 존재하는 유기물의 분류

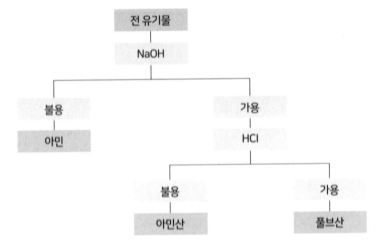

---

\* 원유뿐 아니라 천연가스도 생성한다. 가스는 불보다 가볍기 때문에 상승하고 집적해서 저류할 수 있는 지하 조건이 갖춰진 장소(트랩)에 고인다. 천연가스 중 상승하지 않고 셰일(혈암층)에 고여 있어 이용 가능한 것이 셰일가스이다.

# 60 사람과 불의 관계는 100만 년! 애초 왜 불은 타는 걸까?

물건이 타는 현상을 설명하는 것은 오랫동안 화학상의 난문이었다. 고대 그리스의 철학자 아리스토텔레스의 '나무나 기름 등에는 원래 '불'이라는 원소가 있어 타면 불꽃이 되어 나온다'라고 하는 생각이 18세기 초 유럽에서 영향력을 갖고 있었을 정도이다.

18세기 말 그 생각이 겨우 뒤집어졌다. 프랑스의 화학자 라부아지에*가 실험을 통해서 모든 단계의 무게를 정밀하게 측정하여 탄 금속의 증가량과 공기의 감소량이 같아진다는 사실을 발견했다. 실험 결과에서 라부아지에는 금속이 타서 무거워지는 것은 '공기의 일부'가 금속과 연결됐기 때문이라고 생각했다. 이 공기의 일부를 산소라고 명명하고 '탄다'라는 현상은 산소에서 불이 나오는 게 아니라 물건이 산소와 결합하는 것이라고 주장한다.

양초가 불꽃을 내며 타는 것은 기체가 타고 있는 모습이다. 그러면 목탄과 같이 불꽃을 내지 않고 타는 것은 왜일까? 목탄은 공기가 교환되지 않는 장치인 가마에서 만들어지기 때문에 나무 중의 수분과 함께 타는 기체도 나와 버린다. 따라서 목탄에는 불꽃이 되는 기체가 없기 때문에 불꽃을 내지 않고 빨갛게 빛나며 탄다.

물건이 탈 때 내는 열과 빛은 원자끼리 상호 결합할 때 방출하는 여분의 에너지가 열과 빛의 형태로 방출되고 있다.

---

\* 라부아지에는 세금을 징수하는 징세 청부 일을 하면서 시민들의 미움을 받았다. 프랑스 혁명이 일어나자 단두대에 매달려 죽었다.

> 태양은 지금부터 약 50억 년 전, 지구 등의 혹성이 생기기 전에 태어났다. 앞으로
> 50억 년 후에 태양은 죽는다고 한다.

따라 지구의 구름 양과 뇌의 변화에도 27일 간의 주기가 있다.

또한 흑점의 증감[*] 주기는 대략 11년이다. 태양의 자장의 반전으로 22년의 주기가 있고 200년 주기와 1000년 주기, 1.4억 년 주기도 발견되고 있다(미야하라 히로코 〈지구의 변동은 어디까지 우주로 해명할 수 있는가〉「화학동인」에서).

### ● 핵융합 반응

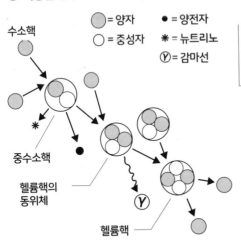

6개의 양자에서 2개의 헬륨핵 동위체가 생긴다. 그 후 헬륨핵과 2개의 양자가 생기므로 빼면 4개의 양자에서 헬륨핵이 생긴다. 양자가 중성자로 바뀔 때 양전자가 방출되지만, 이것은 전자와 합체해서 소멸한다. 이때 거대한 에너지가 생긴다.

○ = 양자 ● = 양전자
○ = 중성자 ＊ = 뉴트리노
ⓨ = 감마선

수소핵

중수소핵

헬륨핵의 동위체

헬륨핵

---

[*] 17~18세기에 태양의 흑점이 적은 상태가 50~60년 이어진 마운더 극소기(Maunder Minimum)에는 기온이 내려가 북유럽을 중심으로 밀 작황이 안 좋았다. 현대도 이때와 같이 기온이 내려갈 가능성이 있어 보인다. 한편 $CO_2$ 등에 의한 지구온난화가 있지만, 양자의 발생 메커니즘은 다르다.

# 62 평생 한 번은 보고 싶다!
# 왜 오로라는 생기는 걸까?

태양에서는 빛뿐 아니라 이온화한 가스와 핵융합으로 생긴 방사선 등도 태양풍으로서 지구의 주위를 향해 송출된다. 이것이 오로라를 생기게 한다.

태양에서는 플레어(flare, 태양의 채층이나 코로나 하층부에서 돌발적으로 다량의 에너지를 방출하는 현상)라는 폭발 현상이 일어나고 있다. 태양면 폭발이라고도 불리며 태양의 활동 중에서도 가장 난폭한 현상으로 알려져 있다. 플레어에 수반해서 일어나는 고에너지 입자가 발생하거나 이온화한 거대한 가스의 구름이 방출되거나 쇼크파가 밀려오기도 한다.

따라서 태양풍에는 방사선이 포함된다. 만약 그대로 지구에 도달하면 지상에 사는 생명의 대부분은 죽어버릴 것이다. 이를 막아주는 것이 지구의 자장(磁場)이다. 지구 등의 혹성과 위성은 표면에 자장이 형성되어 있다. 자장은 자기권이라고도 불린다.

태양풍이 지구의 자기권과 만나면 자기권의 크기가 때로는 절반 정도로까지 줄어든다. 그래서 지구의 자기권에 축적되어 있던 양자 등의 이온과 전자가 남북의 극, 즉 남극과 북극의 방향으로 모여든다. 이렇게 모인 전자가 지구 대기 중의 산소와 질소가 충돌해서 반응하고 각각의 원자에 특징적인 색으로 발광한다. 이것이 오로라*이다.

---

* 오로라는 북극과 남극에서 볼 수 있기 때문에 극광이라고도 불리지만, 저위도에서도 자기풍이라 불리는 지자기(地磁氣) 요란(擾亂)이 일어날 때 보인다. 오래전부터 적광(赤光)이라 불렸다.

오로라는 화성과 금성 등에서도 관측되고 있다. 대기가 있고 고유의 자장을 가진 혹성이라면 오로라가 출현한다고 한다.

　태양풍은 지구를 포함한 태양계 전역을 폭 감싸서 은하로부터 오는 우주선(宇宙線)을 튕기는 역할도 한다. 태양 활동이 약해지면 은하 우주선이 지구의 대기권에도 침입하기 쉽고 대기 성분을 이온화하여 저층 구름이 만들어지기 쉽다.

　태양의 빛 에너지를 반사하여 기온 저하를 초래할 뿐 아니라 침입해오는 강력한 은하 우주선이 마그마 저류를 자극하여 화산**의 분화를 촉진한다. 화산 활동이 활발해지고 있는 현대 사회에 주의가 필요하다.

● **태양풍에 의한 지구의 영향**

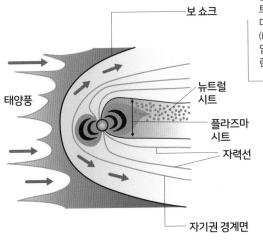

태양풍에 의해서 지구의 자기는 밤 쪽으로 길게 뻗고 그 안에 시트상의 플라즈마가 찬 영역이 있다. 또한 지구 가까이에는 잠두콩(broad bean) 모양으로 고에너지 입자가 고여 있는 곳도 있고 반알렌대(van allen belt)라고 불린다.

보 쇼크

뉴트럴 시트

플라즈마 시트

자력선

자기권 경계면

태양풍

---

** 태양 활동이 저하한 마운더 극소기(P.123 참조)에는 아이슬란드의 로키산과 일본의 아사마산이 분화하고 그 양산효과(umbrella effect)에 의한 기온 저하가 원인이 되어 작황이 안 좋아져 프랑스 혁명의 원인이 됐다고도 한다.

## **63** 하늘색이라는 파란색도 있다! 왜 하늘은 파란 걸까?

투명하게 보이는 태양 빛에는 빨간색, 주황색, 노란색, 초록색, 파란색, 남색, 보라색 일곱 가지 무지개색이 포함되어 있다.

일곱 가지 색은 각각 다른 파장을 갖고 있다. 예를 들면 파란 빛은 파장이 짧고, 빨간 빛은 파장이 길다. 보라에 가까울수록 파장은 짧아지고 빨강에 다가갈수록 파장은 길어진다.

간단하게 말하면 하늘이 파랗게 보이는 것은 7색* 중 파란색이 공기 중에서 산란하기 때문이다. 태양 빛은 지구의 대기권에 있는 공기층을 통해 지상에 도달한다. 대기권에는 질소와 산소, 이산화탄소 등의 분자가 표류하고 있다. 이들 공기 중 분자는 특히 질소의 미립자가 파란 빛만을 포착해서 다른 방향으로 방출하는, 즉 산란하는 성질이 있다. 따라서 파란 빛이 하늘 전체로 퍼져 파랗게 보인다.

공기 중 분자

파란 빛

빨간 빛

무지개가 7색으로 여겨진 것은 뉴턴이 프리즘 유리로 만든 삼각기둥으로 태양광을 나눈 것에서 시작된다.

---

\* 그렇다고 해도 무지개색은 크게 빨간색, 노란색, 파란색 3색이다. 여기에 초록색을 추가해도 4색이라고 한다(참고:카네코 다카요시 「색책의 과학」 이와나미 신서).

# 64 어쩐지 기분이 으스스하다!
# 왜 달은 빨갛게 보일 때가 있는 걸까?

때때로 달이 빨갛게 보이는 일이 있다. 흉조를 예언하는 전조와도 같아 기분이 스산한데 하늘색과 마찬가지로 빛의 색에서 기인한다.

빨간색은 가장 파장이 길기 때문에 지상까지 그대로 도달한다. 한편 파란색은 쉽게 산란하기 때문에 대기 중을 통과하는 거리가 길수록 도달하기 어려워 우리 눈에는 잘 보이지 않는다.

대기권의 두께는 전체적으로 거의 같지만 지상에서는 보이는 방향에 따라서 두께가 다르다. 지평선과 같이 수평 방향에 가까워질수록 대기가 두꺼워지기 때문에 태양이나 달에서 도달하는 빛은 두꺼운 대기 안을 통과하게 된다. 따라서 달도 빨갛게* 보일 때가 있는 것이다.

대기권

달이 크게 보이는 것은 눈의 착각이기 때문에 카메라에는 찍히지 않는다.

---

\* 저녁 해와 아침 해가 빨갛게 보이는 것도 같은 원리이다.

# 잠 못들 정도로 재미있는 이야기
# 화학

2021. 4. 15. 초 판 1쇄 인쇄
**2021. 4. 20. 초 판 1쇄 발행**

지은이 │ 오미야 노부미쓰(大宮信光)
감 역 │ 현성호
옮긴이 │ 황명희
펴낸이 │ 이종춘
펴낸곳 │ BM (주)도서출판 성안당

주소 │ 04032 서울시 마포구 양화로 127 첨단빌딩 3층(출판기획 R&D 센터)
     │ 10881 경기도 파주시 문발로 112 파주 출판 문화도시(제작 및 물류)

전화 │ 02) 3142-0036
     │ 031) 950-6300
팩스 │ 031) 955-0510
등록 │ 1973. 2. 1. 제406-2005-000046호
출판사 홈페이지 │ www.cyber.co.kr
ISBN │ 978-89-315-8884-2 (03430)
      │ 978-89-315-8889-7 (세트)
정가 │ 9,800원

**이 책을 만든 사람들**
책임 │ 최옥현
진행 │ 최동진
본문·표지 디자인 │ 이대범
홍보 │ 김계향, 유미나
국제부 │ 이선민, 조혜란, 김혜숙
마케팅 │ 구본철, 차정욱, 나진호, 이동후, 강호묵
마케팅 지원 │ 장상범, 박지연
제작 │ 김유석